MIS APUNTES DE MATEMÁTICAS

- .– Los Números Reales.
- .– Operaciones Básicas.
- .– Fracciones.

¡¡ Hola !!

Carlos Rubio Pérez

CONTENIDO

LOS NÚMEROS REALES

Los Números Reales son todos los enteros y decimales, positivos y negativos.

Pero dentro de los Reales debemos diferenciar los Racionales y los Irracionales.

$$Reales \begin{cases} Racionales \\ Irracionales \end{cases}$$

Los Racionales son todos, enteros y decimales, positivos y negativos que se pueden representar con una fracción o que son el resultado de la división de dos números enteros.

Una fracción es una división expresada así, el dividendo (D) arriba (numerador) y el divisor (d) abajo (denominador).

$$\frac{D}{d}$$

$$D \big| \underline{d}$$

En los Racionales debemos diferenciar los Enteros y los Decimales, también conocidos como Fraccionarios.

$$Racionales \begin{cases} Enteros \\ Decimales \end{cases}$$

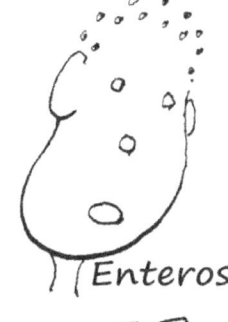

Entre los Enteros tenemos los Naturales que son los positivos, los No Naturales que son los Negativos y el Cero (0) que no es ni negativo ni positivo.

$$Enteros \begin{cases} Naturales\ (positivos) \\ No\ Naturales\ (negativos) \\ El\ Cero\ (0) \end{cases}$$

Los números decimales se clasifican en Exactos, Periódicos Puros y Periódicos Mixtos.

Decimales o Fraccionarios
{
Exactos
Periódicos Puros
Periódicos Mixtos
}

Vamos a explicar esto un poco más.

El Decimal Exacto tiene un número de decimales limitado, el resto es cero.

$$\frac{1}{2} = \begin{array}{c|c} 1 & 2 \\ 10 & 0,5 \\ 0 & \end{array} = 0,5$$

$$\frac{5}{4} = \begin{array}{c|c} 5 & 4 \\ 10 & 1,25 \\ 20 & \\ 0 & \end{array} = 1,25$$

En los Fraccionarios Periódicos los decimales no terminan, son infinitos, pero una o varias cifras se repiten de manera periódica.

$$\frac{1}{3} = \begin{array}{c|c} 1 & 3 \\ 10 & 0,333... \\ 10 & \\ 10 & \\ \ddots & \end{array} = 0,\overline{333}...$$

$$\frac{12}{11} = 1,\overline{090909}...$$

$$\frac{5}{7} = 0,\overline{714285}\,\overline{714285}\,\overline{71}...$$

Cuando después de la coma solo está el período que se repite, tenemos los Periódicos Puros.

$0,\overline{3}$

$1,\overline{09}$

$0,\overline{714285}$

Se indica el período con una rayita sobre las cifras que lo forman.

Pero cuando después de la coma, entre ella y el período que se repite hay una o varias cifras que no forman parte del período se llama Periódico Mixto.

$$\frac{7}{12} = 0,58\overline{38}\overline{38}\overline{3}...$$

$$\frac{5}{12} = 0,41\overline{6}\overline{6}\overline{6}...$$

También el período se identifica con el guión sobre él.

$$0,58\overline{3}$$

$$0,41\overline{6}$$

Todos éstos, Enteros y Decimales son los Racionales, se pueden expresar u obtener con fracciones de números enteros.

Racionales
- Enteros
  - Naturales
  - No Naturales
  - Cero (0)
- Decimales
  - Exactos
  - Periódicos Puros
  - Periódicos Mixtos

Los Irracionales son también decimales pero que no se pueden expresar con fracciones de números enteros. No se pueden obtener por la división de dos enteros.

Éstos son números irracionales, sus decimales no forman períodos que se repiten y nunca se acaban.

$$\sqrt{2} = 1,414243...$$

$$\sqrt{3} = 1.732050...$$

$$\sqrt{5} = 2,236068...$$

$$\pi = 3,141592...$$

El número "Pi" también es irracional.

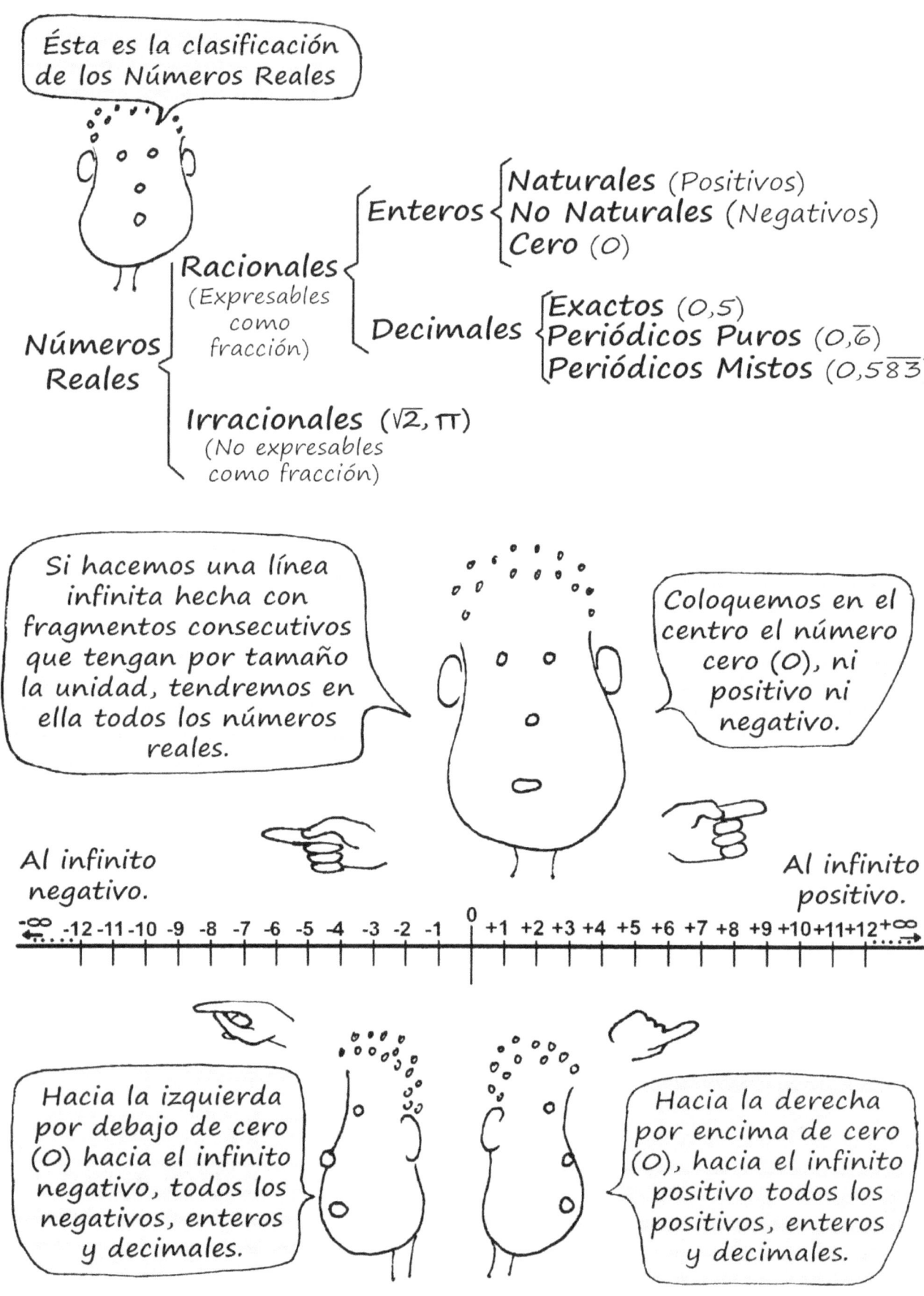

OPERACIONES CON NÚMEROS ENTEROS

LA SUMA

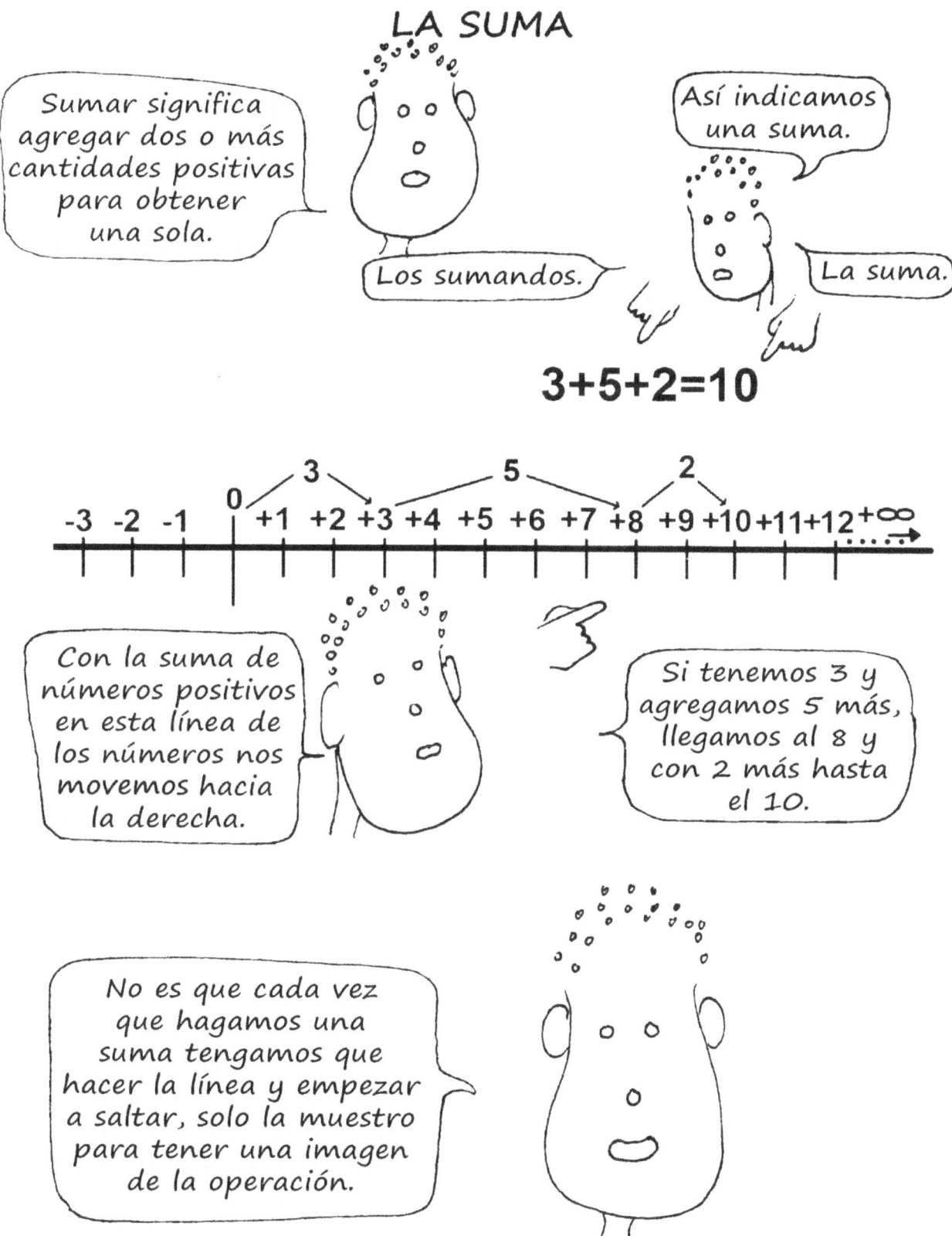

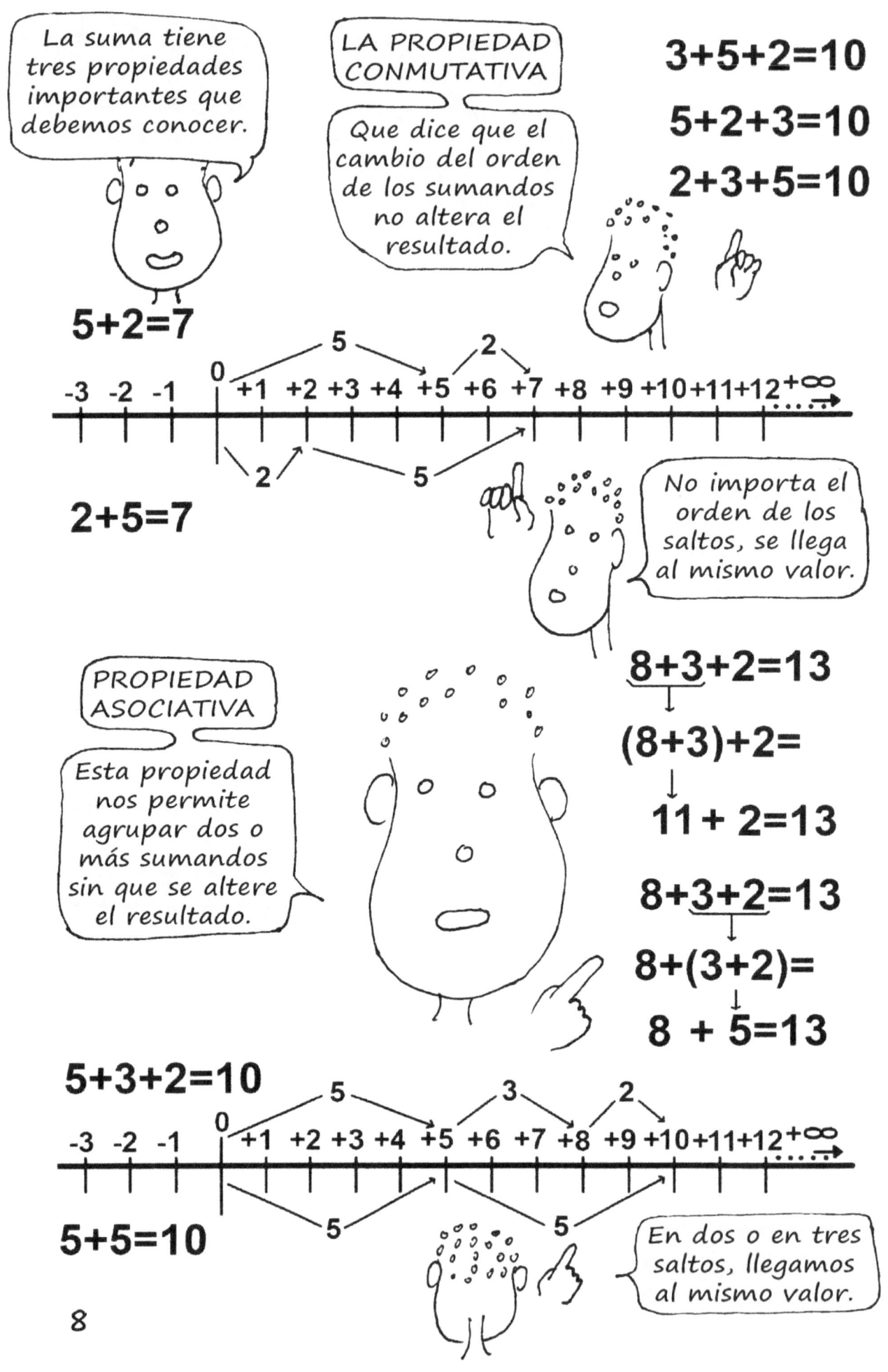

8

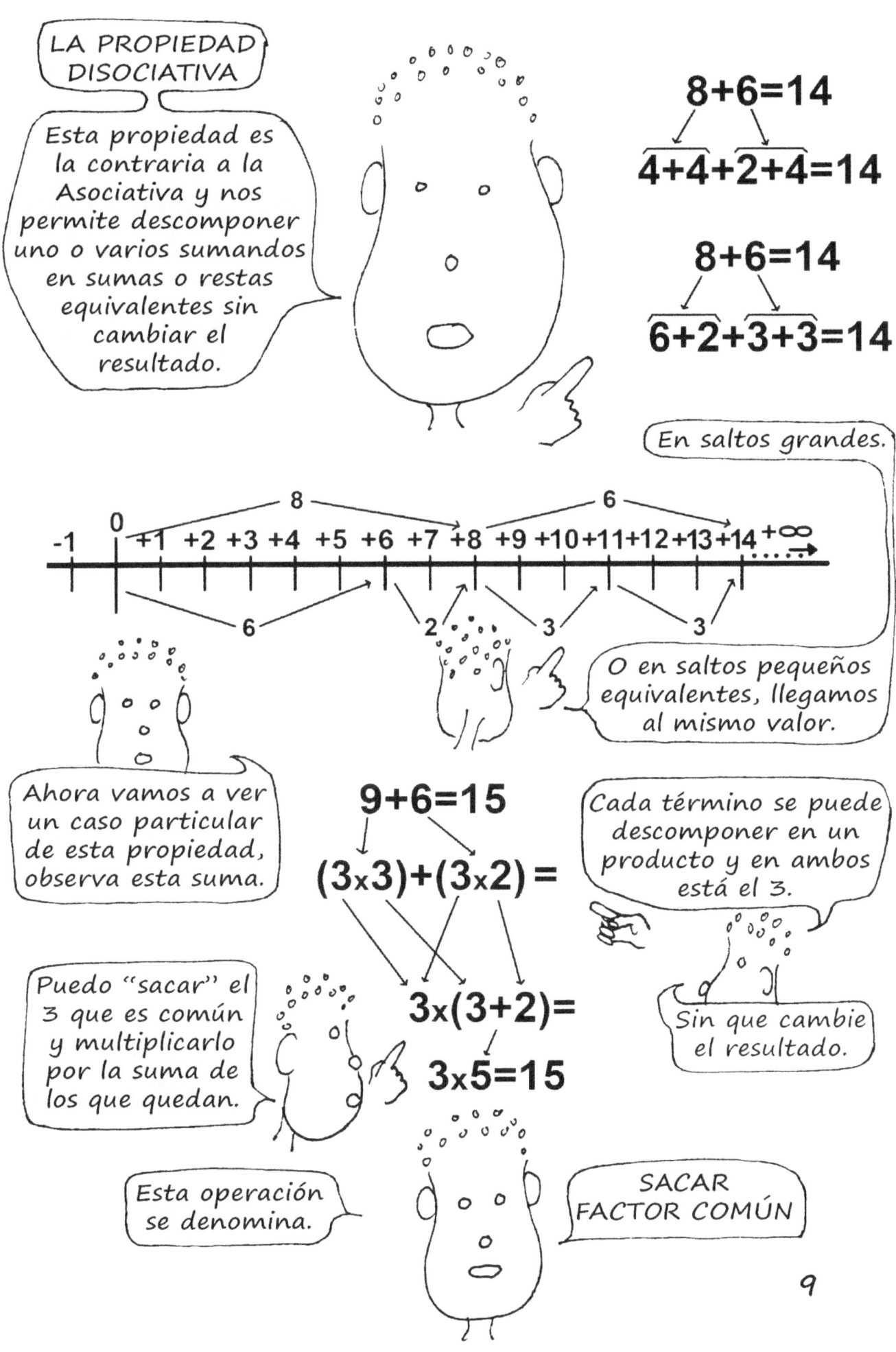

LA RESTA

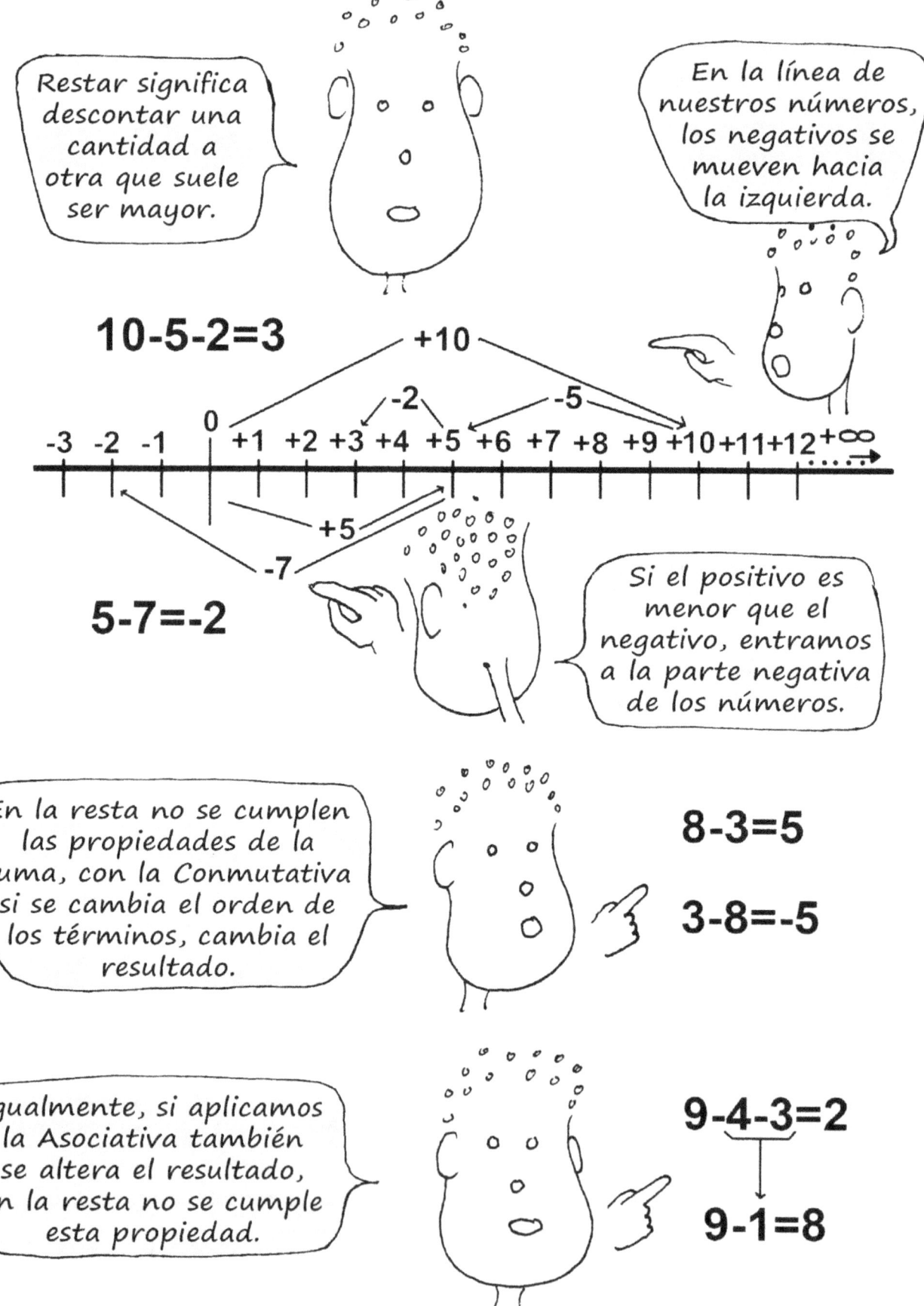

EL PRODUCTO O MULTIPLICACIÓN

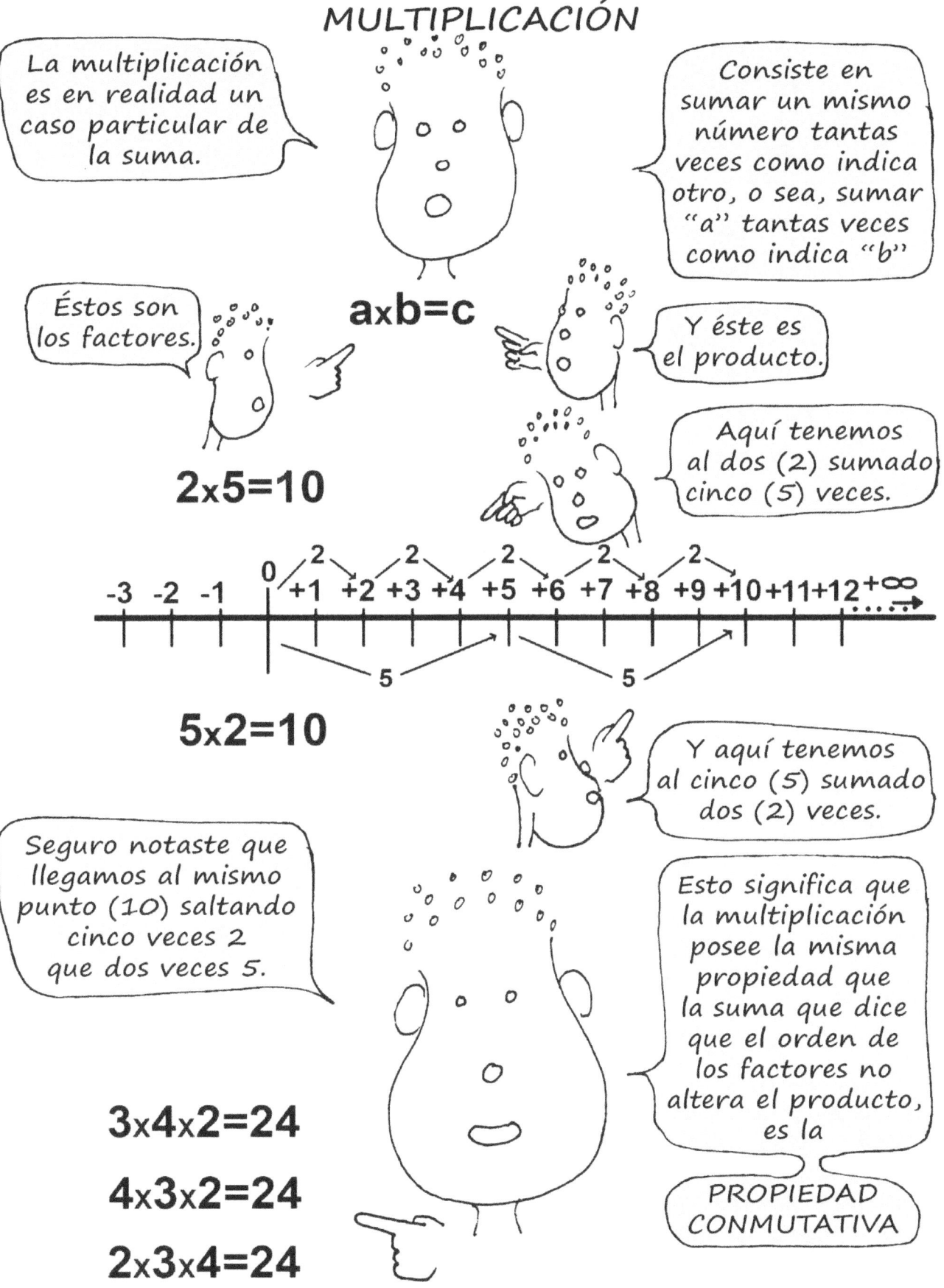

La multiplicación es en realidad un caso particular de la suma.

Consiste en sumar un mismo número tantas veces como indica otro, o sea, sumar "a" tantas veces como indica "b"

Éstos son los factores.

$$a \times b = c$$

Y éste es el producto.

$$2 \times 5 = 10$$

Aquí tenemos al dos (2) sumado cinco (5) veces.

$$5 \times 2 = 10$$

Y aquí tenemos al cinco (5) sumado dos (2) veces.

Seguro notaste que llegamos al mismo punto (10) saltando cinco veces 2 que dos veces 5.

Esto significa que la multiplicación posee la misma propiedad que la suma que dice que el orden de los factores no altera el producto, es la

PROPIEDAD CONMUTATIVA

$$3 \times 4 \times 2 = 24$$

$$4 \times 3 \times 2 = 24$$

$$2 \times 3 \times 4 = 24$$

11

PROPIEDAD ASOCIATIVA

En la multiplicación también tenemos la propiedad Asociativa.

Que nos permite agrupar dos o más factores sin que se modifique el resultado.

Puedo multiplicar los términos de diferentes maneras sin que cambie el resultado final.

$2\times3\times4\times2\times6=288$

$6\times4\times12=288$

$24\times12=288$

PROPIEDAD DISOCIATIVA

Es la contraria a la Asociativa, permite descomponer un factor en dos o más equivalentes sin que se modifique el resultado.

$9\times6=54$

$3\times3\times3\times2=54$

PROPIEDAD DISTRIBUTIVA

Ésta es otra propiedad muy importante de la multiplicación.

Nos permite multiplicar un número por una suma o resta sin necesidad de realizar primero la operación dentro del paréntesis

Esta operación la podemos hacer así, primero calcular lo que está en el paréntesis y el resultado multiplicarlo por el 3.

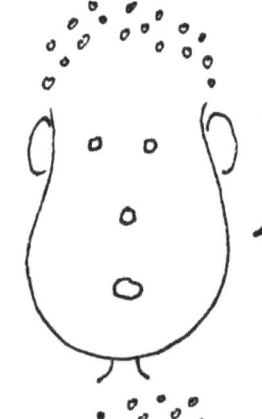

$3\times(3+2+1)=$

$3\times(6)=$

$3\times6=18$

12

Pero la propiedad distributiva nos permite multiplicar cada término de la suma por el factor y luego sumar los resultados.

Es necesario usar los paréntesis para indicar que el 3 multiplica a toda la suma, de no usarlos el 3 sólo multiplicaría al otro 3.

$$3\times(3+2+1)=$$

$$3\times3+3\times2+3\times1=$$

$$9+6+3=18$$

Voy a aprovechar esta propiedad para explicarte algo de los signos.

Al multiplicar los números también deben multiplicarse los signos de esos números.

Cuando se multiplican signos iguales, el resultado es positivo, aunque los signos sean negativos.

$$(+)\times(+)=+$$
$$(-)\times(-)=+$$

Cuando los signos son diferentes, el resultado es negativo.

$$(+)\times(-)=-$$
$$(-)\times(+)=-$$

Al hacer este cálculo arriba, en realidad lo que hicimos fue todo esto.

$$3\times(3+2+1)=$$
$$(+3)\times(+3)=+9$$
$$(+3)\times(+2)=+6$$
$$(+3)\times(+1)=+3$$

Aplicamos la propiedad distributiva.

Cuando el signo delante del paréntesis es positivo, no hay mucho problema pues los signos de adentro no cambian.

$$9+6+3=18$$

Y queda ésto.

Pero hagamos lo mismo cambiando algún signo.

$$3 \times (3 - 2 - 1) =$$

Efectuamos las multiplicaciones y tenemos este resultado.

$$(+3) \times (+3) = +9$$
$$(+3) \times (-2) = -6$$
$$(+3) \times (-1) = -3$$

Incluso si hay signos negativos dentro del paréntesis, al ser el de afuera positivo, éstos no cambian.

$$9 - 6 - 3 = 0$$

Ahora cambiemos, pongamos el signo negativo en el 3 de afuera y en el 2 de adentro.

$$(-3) \times (3 - 2 + 1) =$$

$$(-3) \times (+3) = -9$$
$$(-3) \times (-2) = +6$$
$$(-3) \times (+1) = -3$$

Al hacer los productos nos quedan los signos cambiados.

$$-9 + 6 - 3 = -6$$

Recuerda, signos iguales dan positivo, signos diferentes dan negativo.

Pero claro, siempre parece más sencillo hacer el cálculo de lo que está dentro del paréntesis y luego multiplicar por lo de afuera.

$$3 \times (3 - 2 - 1) = 3 \times 0 = 0$$

$$(-3) \times (3 - 2 + 1) = -3 \times 2 = -6$$

También están bien resueltos, pero ojo con los signos negativos.

EL COCIENTE O LA DIVISIÓN

La división o cociente consiste en dividir una cantidad en tantas partes como dice otra..

El Divisor, el que divide.

En la división tenemos el Dividendo, el que es dividido.

$$D \div d = c$$

Y el Cociente, el resultado.

La interpretación más frecuente es que el dividendo se divide en tantas partes como indica el divisor, el cociente indica cuantas partes del dividendo le corresponden a cada unidad del divisor.

$$15 \div 3 = 5$$

Quince unidades para tres.

Corresponde a cinco para cada uno.

En lenguaje sencillo, si tenemos 15 caramelos para tres niños, le tocan 5 a cada uno.

También puede ser que el dividendo se vaya a dividir en grupos que contengan tantas unidades como indica el divisor, el cociente indica cuantos grupos resultan.

$$15 \div 3 = 5$$

Ahora 15 unidades agrupadas de 3 en 3.

Resultan 5 grupos.

En lenguaje sencillo, si tenemos 15 caramelos para repartirlos de 3 en 3, nos alcanzan para 5 niños.

De todas maneras, el resultado es el mismo, 5.

La división puede ser EXACTA o NO EXACTA, todo depende de si al repartir el dividendo como indica el divisor, queda un resto.

El resto es cero (0)

$$15 \mid 3$$
$$0 \mid 5$$

$$3 \times 5 = 15$$

En la división Exacta, el resto es cero (0), y al multiplicar el cociente por el divisor debe resultar el dividendo.

Este signo significa aproximadamente.

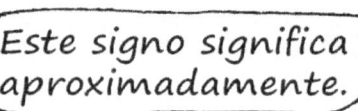

Cuando la división es No Exacta, al hacer la división, el resto no es cero (0).

$$16 \div 3 \simeq 5$$

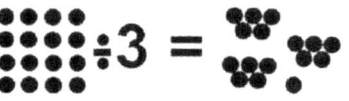

En este caso, al producto del cociente por el divisor se le debe sumar el resto para obtener el dividendo.

$$16 \mid 3$$
$$1 \mid 5$$

El resto no es cero (0) sobra uno.

El resto se suma.

$$5 \times 3 + 1 = 16$$

Aquí tenemos dos tipos de operaciones juntas, es de cuidado, porque el orden para hacerlas es importante, más adelante veremos como deben hacerse estas operaciones combinadas.

LA POTENCIACIÓN

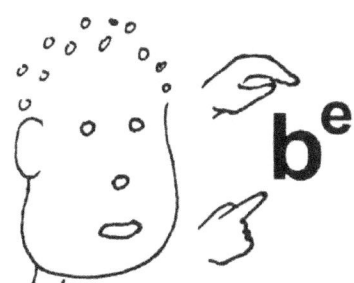

La potencia de un número (b) se escribe así.

El exponente.

$$b^e$$

La base.

¿Recuerdas que la multiplicación es una suma repetida?

Pues la potencia es una multiplicación repetida.

$$5 \times 3 = 5 + 5 + 5$$

$$5^3 = 5 \times 5 \times 5$$

La base se multiplica por ella misma tantas veces como indica el exponente.

Cuando un número se eleva a la dos, se le dice "al cuadrado", si es a la tres "al cubo" y de cuatro en adelante según la potencia, "a la cuarta", "a la quinta", "a la sexta" y así sucesivamente.

5^2 Cinco al cuadrado o a la dos.

5^3 Cinco al cubo o a la tres.

5^4 Cinco a la cuatro o a la cuarta.

5^5 Cinco a la cinco o a la quinta.

⋮

5^{15} A la quince o a la quinceava.

Fíjate que 5x5 es un cuadrado y 5x5x5 es un cubo.

Será por eso que les dicen al cuadrado y al cubo.

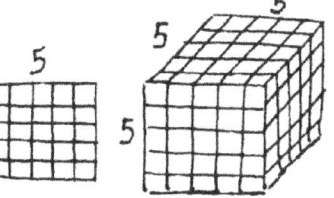

Veamos qué se puede y qué no se puede hacer con las potencias.

17

Conozcamos algunos casos especiales de potencias.

Todo número elevado a la cero (0), es igual a uno (1).

$$5^0=1 \quad 8^0=1 \quad a^0=1$$

$$5^1=5 \quad 8^1=8 \quad a^1=a$$

Todo número elevado a la uno (1) es igual al mismo número.

$$5=5^1 \quad 8=8^1 \quad a=a^1$$

Igualmente debe entenderse que todo número sin un exponente, está elevado a la uno (1) y se sobreentiende

Otra potencia interesante es la potencia de diez (10).

Se usa en matemáticas para escribir de forma sencilla cifras muy largas.

Esto son quinientos millones, el diez a la ocho indica que tras el cinco hay ocho ceros.

$$5 \times 10^8 = 500\,000\,000$$

Cuando no hay una cifra adelante, se entiende que hay un uno.

$$1 \times 10^6 = 1\,000\,000$$

Y en este caso con seis ceros, un millón.

Esta forma de expresión también se aplica a números decimales.

Pero en lugar de colocar ceros, se mueve la coma, que a fin de cuentas es lo mismo, si no hay cifras se colocan ceros

$$2{,}1354 \times 10^3 = 2135{,}4$$

$$2{,}2 \times 10^3 = 2200{,}$$

Pero si el exponente es negativo, el asunto es al contrario, los ceros y las comas se mueven hacia la izquierda.

Seis a la izquierda.

$$10^{-6}=0{,}\underbrace{000001}_{6\ 5\ 4\ 3\ 2\ 1}$$

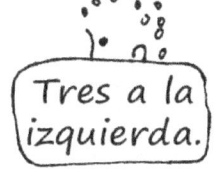
Ocho a la izquierda.

$$5 \times 10^{-8}= 0{,}\underbrace{00000005}_{8\ 7\ 6\ 5\ 4\ 3\ 2\ 1}$$

Tres a la izquierda.

$$2135{,}4 \times 10^{-3}= 2{,}\underbrace{1354}_{3\ 2\ 1}$$

SUMA Y RESTA DE POTENCIAS

Las potencias no pueden sumarse ni restarse sin ser resueltas.

Aunque tengan la misma base, primero se calcula la potencia y luego se suma o resta.

$$5^{3}+5^{2}=125+25=150$$

$$2^{2}+5^{3}+5^{2}-10^{2}+6^{3}-3^{2}=?$$

$$4+125+25-100+216-9=261$$

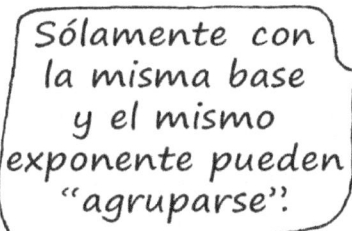
Sólamente con la misma base y el mismo exponente pueden "agruparse".

Sería como sumar.

una "a" más otra "a" son dos "as"

$$a+a=2a$$

$$3^{2}+3^{2}=2 \times 3^{2}=2 \times 9=18$$

$$9 + 9=18$$

19

Multiplicar y dividir potencias sí se puede pero ojo, sólo si tienen la misma base.

Para multiplicar potencias, se suman los exponentes y se deja la misma base.

$$a^n \times a^s = a^{n+s}$$

$$6^3 \times 6^2 = 6^5$$

Y para dividir potencias se restan los exponentes.

$$a^n \div a^s = a^{n-s}$$

$$6^4 \div 6^2 = 6^2$$

Sabemos que no podemos multiplicar ni dividir potencias con diferente base, pero si tienen el mismo exponente se pueden multiplicar o dividir las bases conservando el exponente.

$$3^2 \times 2^2 = (3 \times 2)^2 = 6^2 = 36$$

$$9^3 \div 3^3 = (9 \div 3)^3 = 3^3 = 27$$

También puede hacerse lo contrario, convertir la base en un producto o una division conservando el exponente.

Aunque esta operación parece complicar las cosas más que facilitarlas, es bueno saber que puede hacerse.

$$6^3 = (3 \times 2)^3 = 3^3 \times 2^3 = 27 \times 8 = 216$$

$$6^3 = (12 \div 2)^3 = 12^3 \div 2^3 = 1728 \div 8 = 216$$

POTENCIA DE POTENCIA

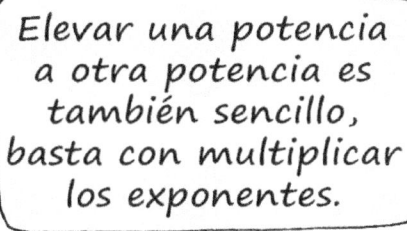

Elevar una potencia a otra potencia es también sencillo, basta con multiplicar los exponentes.

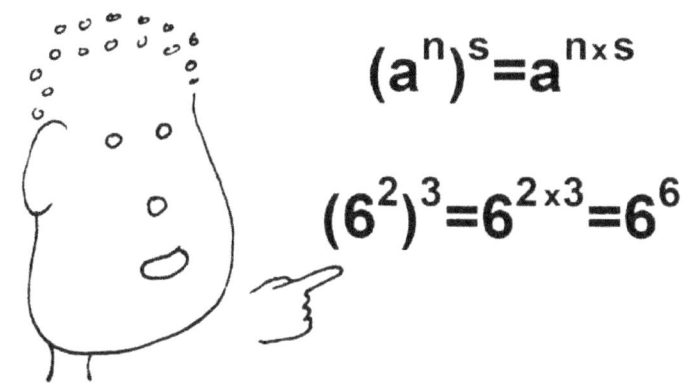

$$(a^n)^s = a^{n \times s}$$

$$(6^2)^3 = 6^{2 \times 3} = 6^6$$

RADICACIÓN

La raíz de un número se indica de esta manera.

$$\sqrt[n]{a}$$

Éste es el índice de la raíz

El símbolo de la raíz.

Y el radicando.

Calcular la raíz de un número es lo contrario de elevarlo a una potencia.

Aclaremos esto.

La raíz de índice "n" de un número "a" es un número "b" que elevado al exponente "n" es igual al número "a".

$$\sqrt[n]{a} = b \quad si \quad b^n = a$$

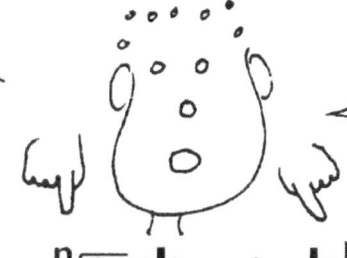

$$\sqrt[3]{8} = 2 \quad porque \quad 2^3 = 8$$

El índice de la raíz puede ser cualquier número entero y la raíz lleva el nombre según su índice.

$\sqrt[2]{}$ Raíz cuadrada.

$\sqrt[3]{}$ Raíz cúbica.

$\sqrt[4]{}$ Raíz cuarta.

$\sqrt[5]{}$ Raíz quinta.

$\sqrt[9]{}$ Raíz novena.

En la raíz cuadrada, el índice 2 no se escribe, queda sobreentendido.

$\sqrt{a}$

Una raíz sin índice es una raíz cuadrada, cualquier otro índice debe escribirse.

La raíz de 1 siempre es 1 y la raíz de 0 siempre es 0, sea cual sea el índice.

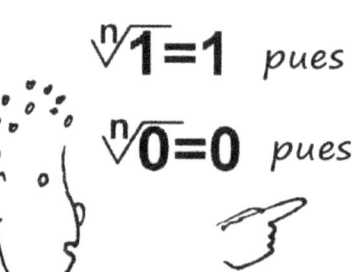

$\sqrt[n]{1}=1$ pues

$\sqrt[n]{0}=0$ pues

n veces.

$1^n=1\times1\times1\times1\times=1$

$0^n=0\times0\times0\times0\times=0$

TIPOS DE RAÍCES

Las raíces pueden ser Exactas o Enteras.

La Raíz Exacta es aquella que tiene un resultado sin resto, exacto, quiere decir que hay un número que elevado al índice de la raíz da exactamente el radicando.

$\sqrt{4}=2$　　$2^2=4$

$\sqrt{9}=3$　　$3^2=9$

En la Raíz Entera no hay un número entero que elevado al índice de la raíz de el radicando sino un número aproximado.

Por ejemplo, en el caso de la raíz de 7 no hay un número entero que elevado al cuadrado de 7.

$\sqrt{7}=$

Los cuadrados más próximos al 7 son el 9 por encima y el 4 por debajo.

$\sqrt{4}=2$

$\sqrt{7}=$

$\sqrt{9}=3$

Esto quiere decir que la raíz cuadrada de 7 está entre 2 y 3 y, claro está, será un número decimal.

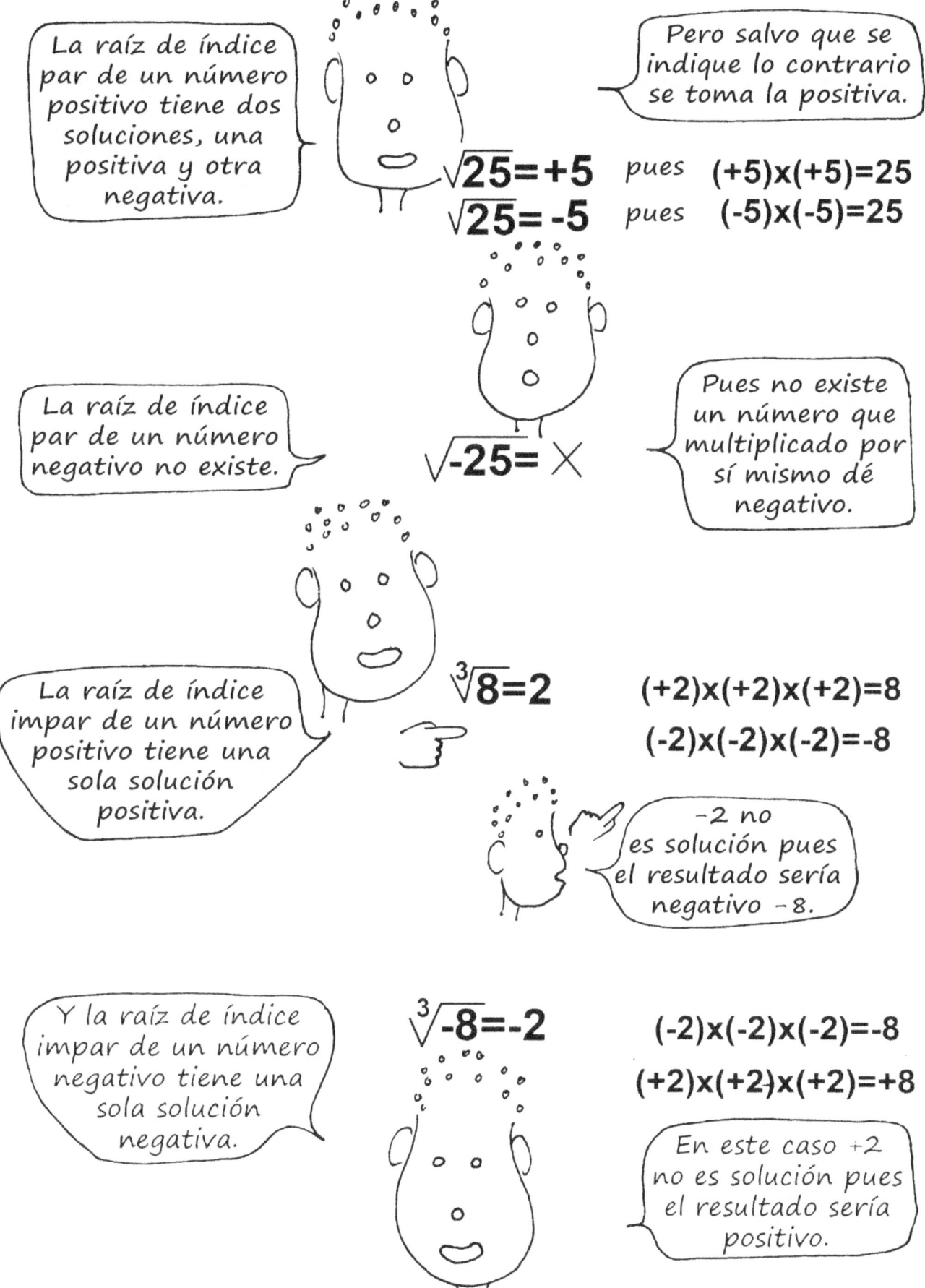

23

SUMA Y RESTA DE RAÍCES

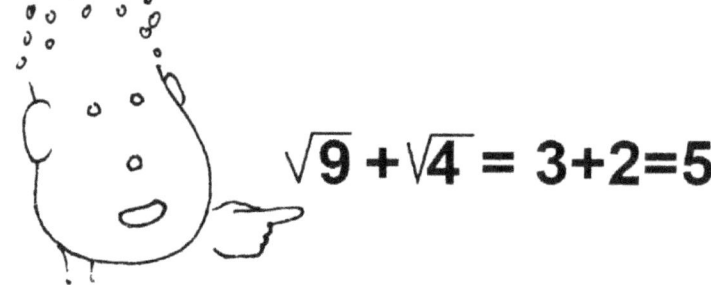

Las raíces, al igual que las potencias no pueden sumarse sin resolverlas antes.

$$\sqrt{9} + \sqrt{4} = 3+2 = 5$$

Solamente en el caso de raíces idénticas podrían "acumularse".

$$\sqrt{4} + \sqrt{4} + \sqrt{4} = 3\sqrt{4} = 3 \times 2 = 6$$
$$\sqrt{9} + \sqrt{9} = 2\sqrt{9} = 2 \times 3 = 6$$

PRODUCTO Y DIVISIÓN DE RAÍCES

Solo con el mismo índice.

Producto de raíces con el mismo índice puede agruparse bajo una sola raíz con el mismo índice.

$$\sqrt{9} \times \sqrt{4} = \sqrt{9 \times 4} = \sqrt{36} = 6$$

$$\sqrt[3]{8} \times \sqrt[3]{27} = \sqrt[3]{8 \times 27} = \sqrt[3]{216} = 6$$

Con la división es igual, solamente con raíces con el mismo índice se puede agrupar bajo la misma raíz

$$\sqrt{16} \div \sqrt{4} = \sqrt{16 \div 4} = \sqrt{4} = 2$$

$$\sqrt{20} \div \sqrt{4} = \sqrt{20 \div 4} = \sqrt{5}$$

Si la raíz no es exacta lo dejamos como raíz.

Lo contrario también puede hacerse.

Descomponer el radicando en un producto o una división equivalente.

$$\sqrt{36} = \sqrt{9 \times 4} = \sqrt{9} \times \sqrt{4} = 3 \times 2 = 6$$

POTENCIA DE RAÍCES

Parece contradictorio, no es frecuente pero una raíz puede estar elevada a un exponente, en ese caso el exponente afecta a todo lo que está bajo la raíz.

Lo que pasa a ser la raíz de una potencia.

$$\left(\sqrt{a}\right)^3 = \sqrt{a^3} = a^{3 \div 2}$$

Por eso, cuando el exponente es igual al índice, el resultado es el radicando.

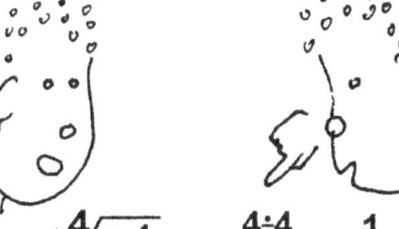

Que es igual al radicando elevado a la división entre el exponente y el índice.

$$\sqrt[4]{a^4} = a^{4 \div 4} = a^1 \qquad \sqrt[4]{5^4} = 5$$

Si el cociente entre el exponente y el índice es una división exacta, el resultado es el número elevado al cociente resultante.

$$\sqrt{a^4} = a^{4 \div 2} = a^2$$
$$\sqrt{5^4} = 5^2 = 25$$

Si el cociente no es exacto también se cumple lo dicho, pero no vale la pena la operación, pues lejos de facilitar las cosas, las complica.

$$\sqrt{a} = a^{1 \div 2} = \sqrt{a}$$

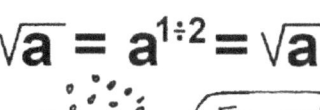

En estos casos es mejor dejar el resultado en forma de raíz.

Descomponemos la potencia en un producto equivalente.

Separamos las raíces

Efectuamos.

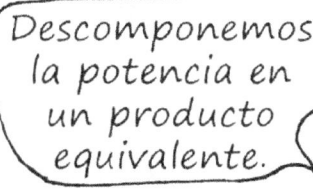

Si el exponente es mayor que el índice de la raíz podemos hacer lo siguiente.

$$\sqrt{3^3} = \sqrt{3^2 \times 3} = \sqrt{3^2} \times \sqrt{3} = 3\sqrt{3}$$

$$\sqrt[3]{5^5} = \sqrt[3]{5^3 \times 5^2} = \sqrt[3]{5^3} \times \sqrt[3]{5^2} = 5\sqrt[3]{25}$$

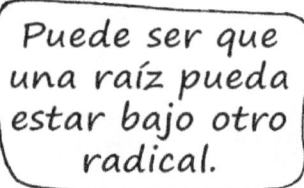

Puede ser que una raíz pueda estar bajo otro radical.

$$\sqrt[3]{\sqrt{a}} = \sqrt[3\times2]{a} = \sqrt[6]{a}$$

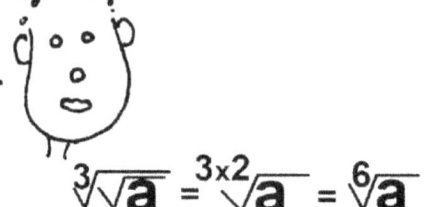

En este caso el nuevo radical será el producto de los índices de las raíces.

Un ejemplo.

$$\sqrt[3]{8\sqrt{2}} = \sqrt[3]{8} \times \sqrt[3]{\sqrt{2}} = 2\sqrt[6]{2}$$

OPERACIONES COMBINADAS

Una operación combinada es aquella en la que aparecen varios tipos de operaciones, sumas, restas, multiplicaciones, divisiones, potencias, raíces.

Este tipo de operaciones debe realizarse con mucho cuidado, pues hay un orden en el que deben hacerse.

Y recuerda, las operaciones deben hacerse de izquierda a derecha, especialmente las restas y las divisiones.

Fíjate en estas sumas con restas. Puedo ir sumando y restando hacia la derecha o agrupar positivos y negativos y hacer la resta.

12 7 4 12 8

$$10+2-5-3+8-4=8$$

$$\underline{10+2+8}-\underline{5-3-4}=$$

5+3+4

$$20-12=8$$

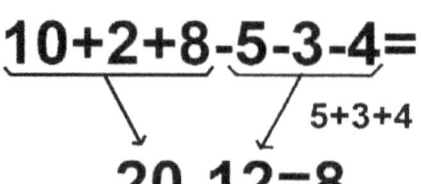

Los negativos los sumo pero el resultado es negativo.

> Si con sumas y restas hay productos y divisiones, éstos son los primeros.

$$5 + 3 \times 2 - 4 - 6 \div 3 =$$
$$5 + 6 - 4 - 2 = 5$$

> Cuando al final solo quedan sumas y restas ya sabemos lo que hay que hacer.

> Si los productos y las divisiones están juntas, es decir que hay números que pertenecen a ambas, sigue la flecha, de izquierda a derecha.

$$3 \times 5 \times 8 \div 2 \times 2 =$$
$$15 \times 8 \div 2 \times 2 =$$
$$120 \div 2 \times 2 =$$
$$60 \times 2 = 120$$

> Si además tenemos potencias y raíces, éstas son las primeras.

> Luego productos y divisiones.

$$3^2 + 3 \times \sqrt{4} - 5 + 2^3 \div 4 =$$
$$9 + 3 \times 2 - 5 + 8 \div 4 =$$
$$9 + 6 - 5 + 2 = 12$$

> Y al final sumas y restas.

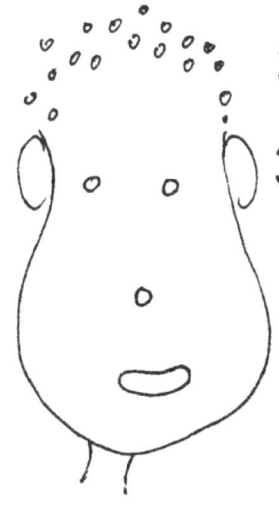

> Si además de todo eso tenemos paréntesis pues ellos son los primeros, resolvemos lo que está en los paréntesis y los quitamos.

> Y seguimos la secuencia, potencias y raíces, productos y divisiones y sumas y restas.

$$3^2 + 3 \times \sqrt{4} - (4 + 2^3) \div 4 =$$
$$3^2 + 3 \times \sqrt{4} - (4 + 8) \div 4 =$$
$$3^2 + 3 \times \sqrt{4} - 12 \div 4 =$$
$$9 + 3 \times 2 - 12 \div 4 =$$
$$9 + 6 - 3 = 12$$

27

$$3^2 + \sqrt{16} \times \sqrt{9} \times 3 - 2 =$$
$$9 + 4 \times 3 \times 3 - 2 =$$
$$9 + 12 \times 3 - 2 =$$
$$9 + 36 - 2 = 43$$

$$(3^2 + \sqrt{16}) \times (\sqrt{9} \times 3) - 2 =$$
$$(9 + 4) \times (3 \times 3) - 2 =$$
$$(13) \times (9) - 2 =$$
$$13 \times 9 - 2 =$$
$$117 - 2 = 115$$

$$5 \times \{3 + [4 \times 2 \times (6 - 2^2)] + 2\} =$$
$$5 \times \{3 + [4 \times 2 \times (6 - 4)] + 2\} =$$
$$5 \times \{3 + [4 \times 2 \times 2] + 2\} =$$
$$5 \times \{3 + [16] + 2\} =$$
$$5 \times \{3 + 16 + 2\} = 5 \times 21 = 105$$

28

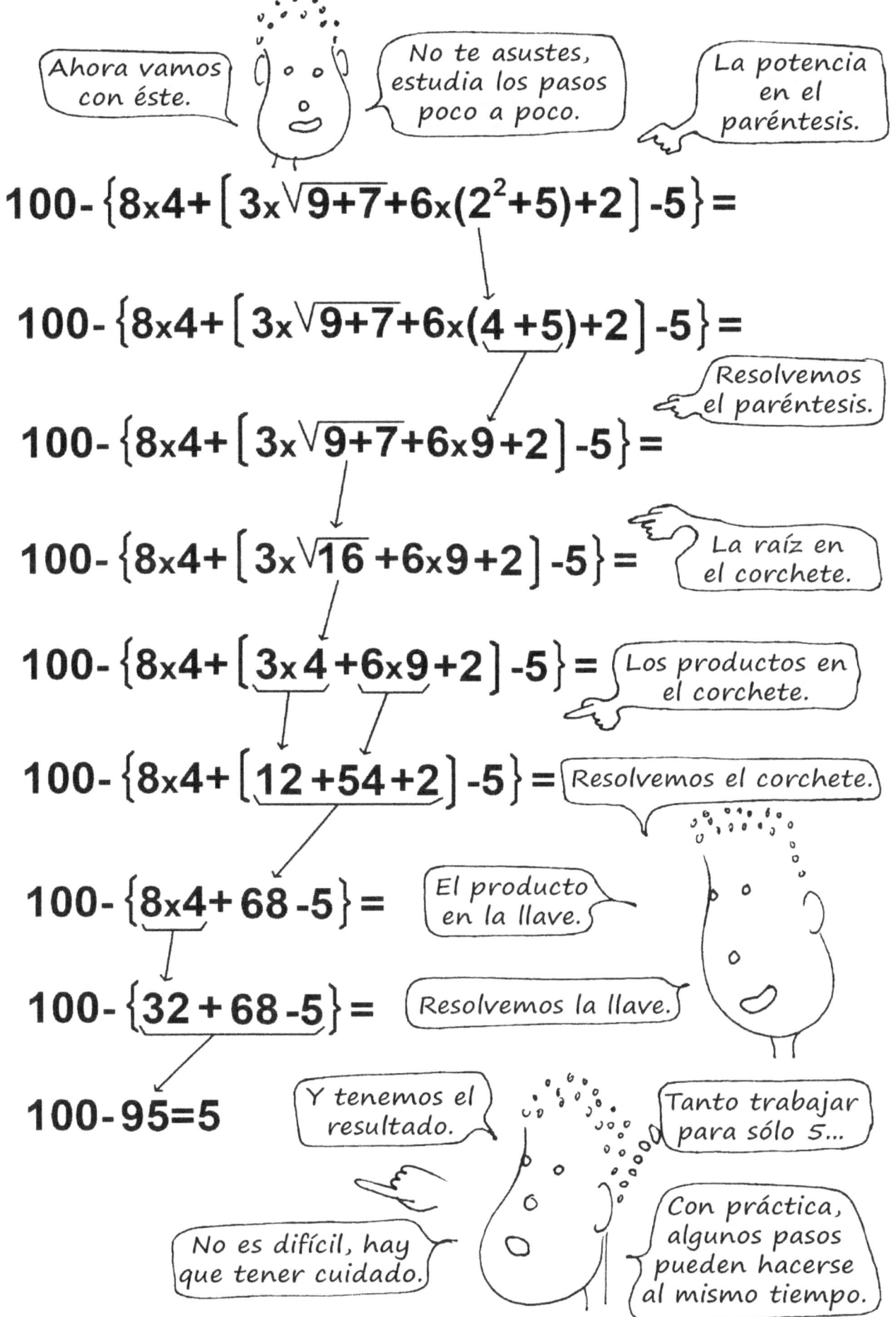

Se debe tener especial cuidado al eliminar un paréntesis u otro signo de agrupación cuando está precedido de un singo negativo.

$$15-(3+5)=15-(+8)=15-8=7$$

$$15-(3-5)=15-(-2)=15+2=17$$

$$-5\times(3+5)=-5\times(+8)=-40$$

$$-5\times(3-5)=-5\times(-2)=+10$$

Te dejo algunos ejercicios, anímate a resolverlos.

$$\sqrt{9} + 3 + 5 \times 3^2 - \sqrt{4} \times 5 =$$

$$\sqrt{9} + (3 + 5) \times 3^2 - \sqrt{4} \times 5 =$$

$$8^2 - \left[3 \times 2 + (5 \times 2) + 18\right] =$$

$$15 - \sqrt{16} + (3+2\times4) \times 2 \times 3 =$$

$$5 \times 6 \div 3 \times 4 \times 10 \div 5 =$$

$$(\sqrt{4} \times \sqrt{9}) + (5^2 \times \sqrt{9}) - 5 =$$

Y los resultados.

65	77
30	41
76	80

LOS QUEBRADOS
LAS FRACCIONES

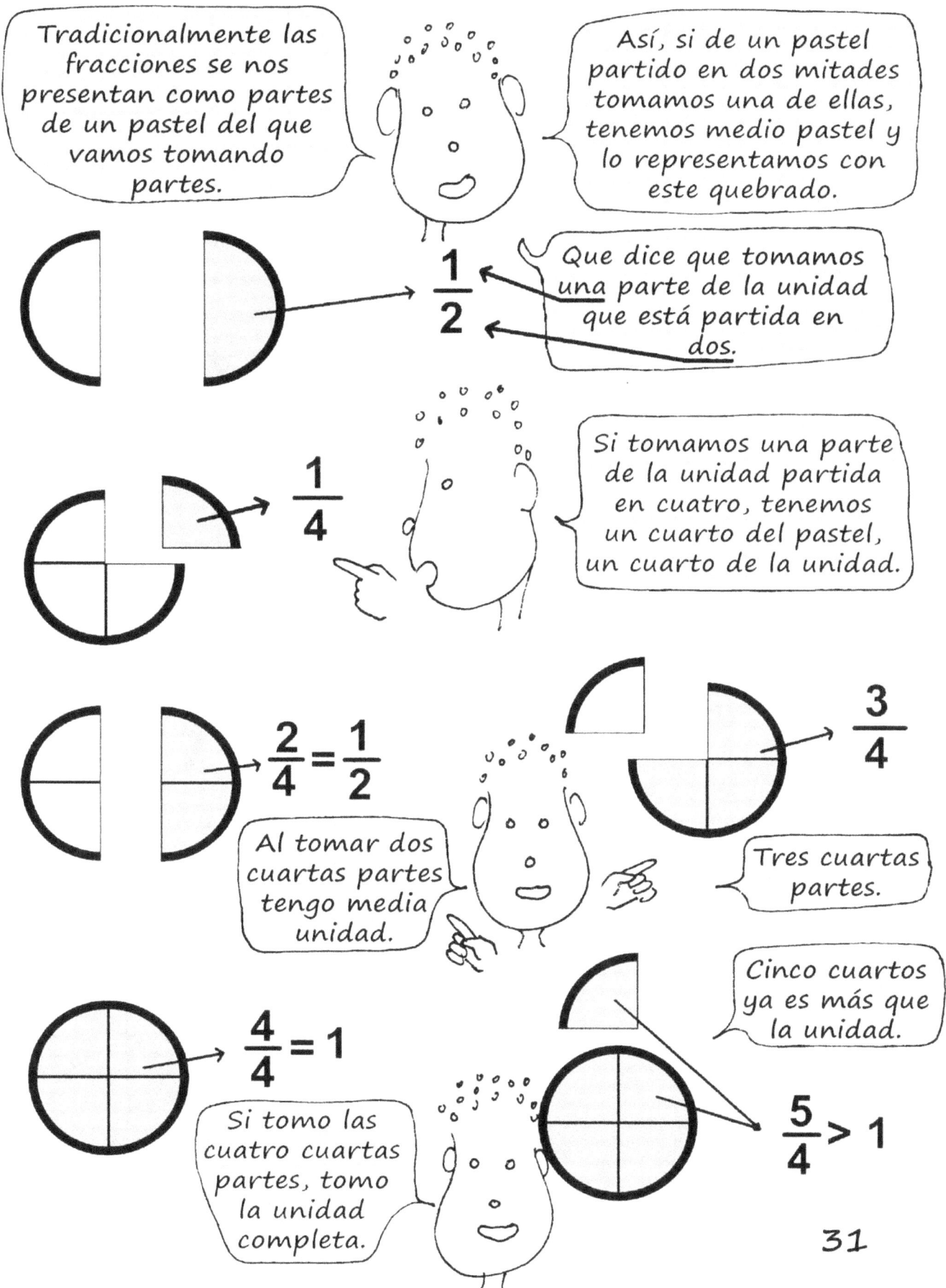

Tradicionalmente las fracciones se nos presentan como partes de un pastel del que vamos tomando partes.

Así, si de un pastel partido en dos mitades tomamos una de ellas, tenemos medio pastel y lo representamos con este quebrado.

$\dfrac{1}{2}$

Que dice que tomamos una parte de la unidad que está partida en dos.

$\dfrac{1}{4}$

Si tomamos una parte de la unidad partida en cuatro, tenemos un cuarto del pastel, un cuarto de la unidad.

$\dfrac{2}{4} = \dfrac{1}{2}$

Al tomar dos cuartas partes tengo media unidad.

$\dfrac{3}{4}$

Tres cuartas partes.

$\dfrac{4}{4} = 1$

Si tomo las cuatro cuartas partes, tomo la unidad completa.

Cinco cuartos ya es más que la unidad.

$\dfrac{5}{4} > 1$

31

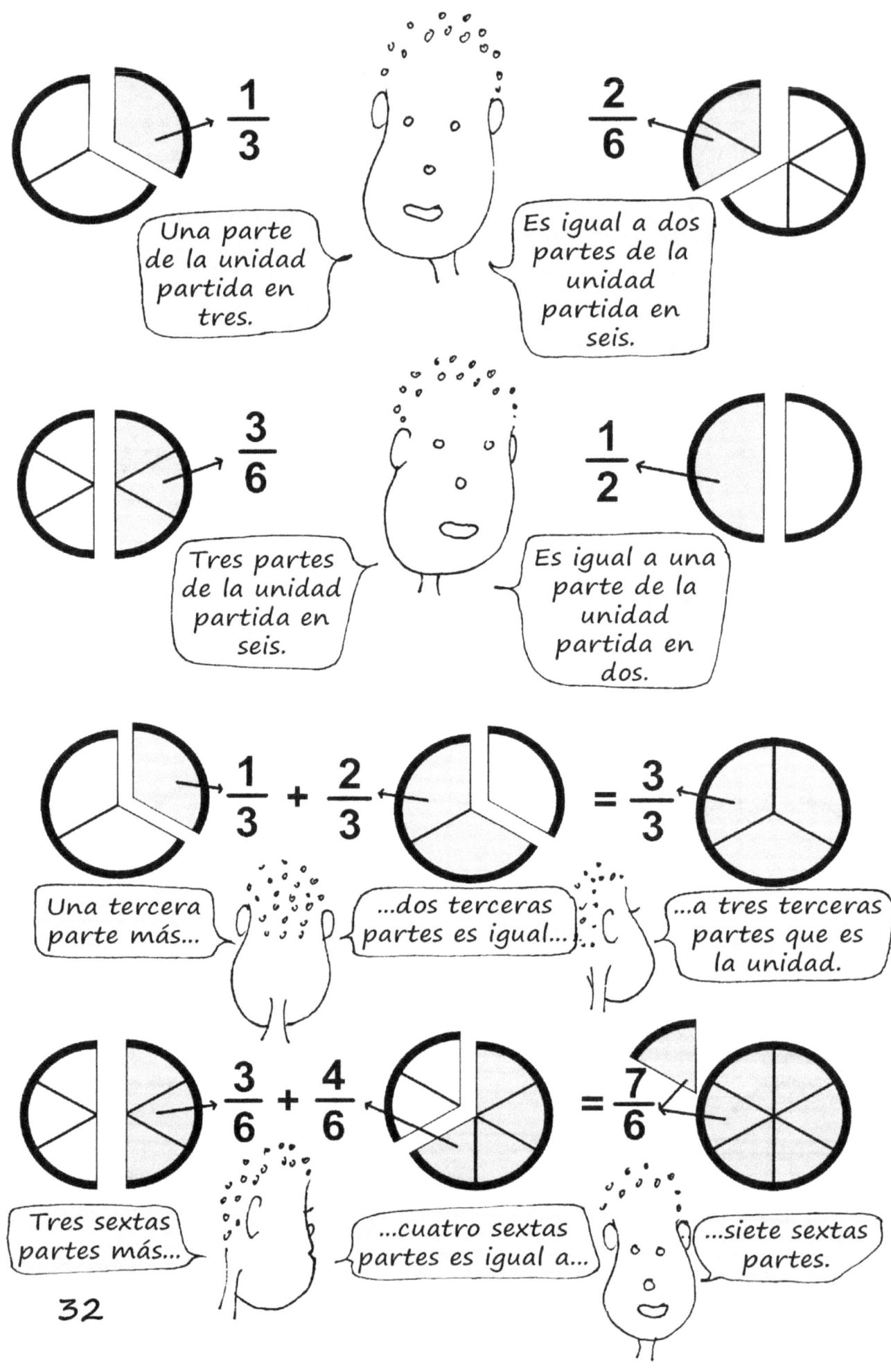

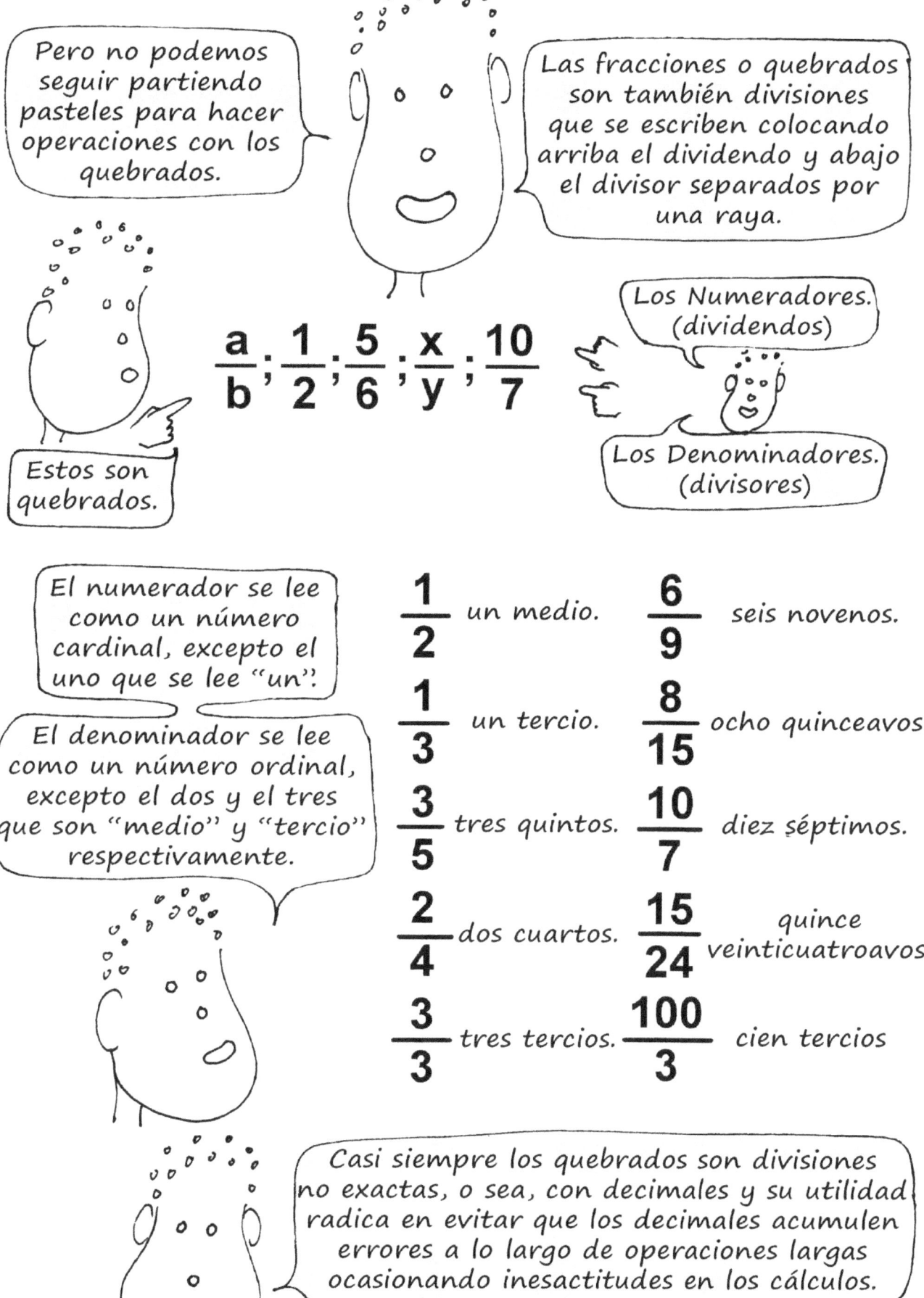

Pero no podemos seguir partiendo pasteles para hacer operaciones con los quebrados.

Las fracciones o quebrados son también divisiones que se escriben colocando arriba el dividendo y abajo el divisor separados por una raya.

$$\frac{a}{b}, \frac{1}{2}, \frac{5}{6}, \frac{x}{y}, \frac{10}{7}$$

Estos son quebrados.

Los Numeradores. (dividendos)

Los Denominadores. (divisores)

El numerador se lee como un número cardinal, excepto el uno que se lee "un".

El denominador se lee como un número ordinal, excepto el dos y el tres que son "medio" y "tercio" respectivamente.

$\dfrac{1}{2}$ un medio.

$\dfrac{1}{3}$ un tercio.

$\dfrac{3}{5}$ tres quintos.

$\dfrac{2}{4}$ dos cuartos.

$\dfrac{3}{3}$ tres tercios.

$\dfrac{6}{9}$ seis novenos.

$\dfrac{8}{15}$ ocho quinceavos.

$\dfrac{10}{7}$ diez séptimos.

$\dfrac{15}{24}$ quince veinticuatroavos.

$\dfrac{100}{3}$ cien tercios

Casi siempre los quebrados son divisiones no exactas, o sea, con decimales y su utilidad radica en evitar que los decimales acumulen errores a lo largo de operaciones largas ocasionando inexactitudes en los cálculos.

PROPIEDADES DE LOS QUEBRADOS

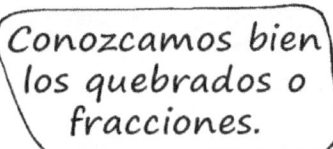

Conozcamos bien los quebrados o fracciones.

Al ser divisiones tienen las mismas características, lo que cambia es la forma de expresarlas.

(El dividendo.) $5\,|\,3$ (El divisor.)

$\dfrac{5}{3}$ (El numerador.) (El denominador.)

Un quebrado con igual numerador que denominador es igual a la unidad (1)

Un quebrado con numerador igual a cero (O) es igual a cero (O).

$\dfrac{5}{5} = 1$ $\quad \begin{array}{c|c} 5 & 5 \\ \hline 0 & 1 \end{array}$

$\dfrac{0}{5} = 0$ $\quad \begin{array}{c|c} 0 & 5 \\ \hline 0 & 0 \end{array}$

Un quebrado con denominador igual a cero(O) no existe, pues no hay número que multiplicado por cero (O) dé un número diferente de cero (O).

Un quebrado con la unidad (1) como denominador es igual al numerador.

$\dfrac{6}{0} = ?$ $\quad \begin{array}{c|c} 6 & 0 \\ \hline & ? \end{array}$

$\dfrac{5}{1} = 5$ $\quad \begin{array}{c|c} 5 & 1 \\ \hline 0 & 5 \end{array}$

Un quebrado con el numerador menor que el denominador tendrá un resultado menor que 1. Y por eso se llama FRACCIÓN PROPIA.

Un quebrado con el numerador mayor que el denominador tendrá un resultado mayor que 1. Y se llama FRACCIÓN IMPROPIA

$\dfrac{1}{5} = 0,2$

$\dfrac{8}{3} = 2,\overline{6}$

Podemos multiplicar el numerador y el denominador por el mismo número y el valor del quebrado no cambia.

$$\frac{4}{5} = 0,8$$

$$\frac{4 \times 2}{5 \times 2} = \frac{8}{10} = 0,8$$

$$\frac{4 \times 5}{5 \times 5} = \frac{20}{25} = 0,8$$

Y esos quebrados que tienen el mismo valor con términos diferentes se llaman

FRACCIONES EQUIVALENTES

$$\frac{4}{5} = \frac{8}{10} = \frac{20}{25} = 0,8$$

También podemos dividir numerador y denominador por un mismo número sin que cambie el valor del quebrado.

$$\frac{2}{4} = 0,5$$

$$\frac{2 \div 2}{4 \div 2} = \frac{1}{2} = 0,5$$

Esta operación es muy importante, hasta tiene su nombre propio

SIMPLIFICACIÓN

$$\frac{10}{15} = 0,6$$

$$\frac{10 \div 5}{15 \div 5} = \frac{2}{3} = 0,6$$

Pero no es lo mismo trabajar con ésto.

$$\frac{16}{32}$$

La simplificación de un quebrado debe hacerse lo antes que se pueda, aunque si no lo haces el resultado final será el mismo.

$$\frac{16/16}{32/16} = \frac{1}{2}$$

Que con ésto (Dividí por 16)

$$\frac{1}{2}$$

Pero cuidado, esta operación se puede hacer solamente multiplicando o dividiendo, sumar o restar un número al numerador y al denominador sí altera el resultado.

$$\frac{1}{2} = 0,5$$

$$\frac{1+5}{2+5} = \frac{6}{7} = 0,86$$

Antes de seguir adelante, vamos a hacer unos pequeños cambios.

Como las fracciones son divisiones, vamos a cambiar el signo de la división que estábamos usando por el de la fracción, es decir...

...Ahora en lugar de este símbolo,...

...usaremos éste...

...O éste que es el quebrado escrito en línea.

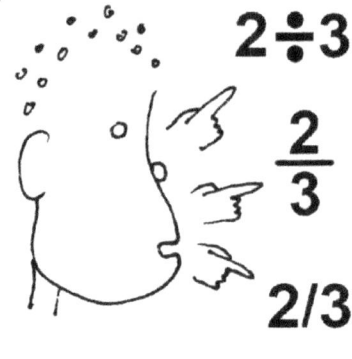

$2 \div 3$

$\dfrac{2}{3}$

$2/3$

$$\frac{6 \div 3}{9 \div 3} = \frac{6/3}{9/3} = \frac{2}{3}$$

En lugar de ésto, aquello.

Y en lugar de aquello, ésto.

Y el signo de la multiplicación que veníamos usando, una equis (x), lo vamos a cambiar por un punto •

$6 \times 3 = 6 \cdot 3$

$15 \times 2 = 15 \cdot 2$

OPERACIONES CON FRACCIONES

LA SUMA Y LA RESTA

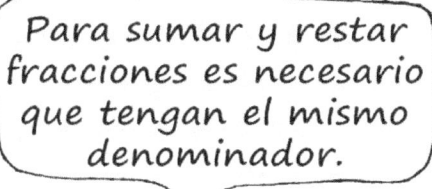

Para sumar y restar fracciones es necesario que tengan el mismo denominador.

No podemos sumar partes de pastel partidos en pedazos diferentes.

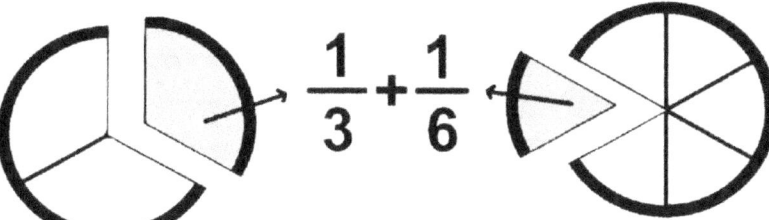

$$\frac{1}{3} + \frac{1}{6}$$

$$\frac{1 \cdot 2}{3 \cdot 2} = \frac{2}{6}$$

Si cada pedazo de este pastel lo partimos en dos tendremos el pastel dividido en seis pedazos, igual que el otro.

Ahora sí.

Con ello hemos multiplicado el denominador por 2, pero ya no tenemos un solo pedazo, el número de pedazos también se multiplicó por 2.

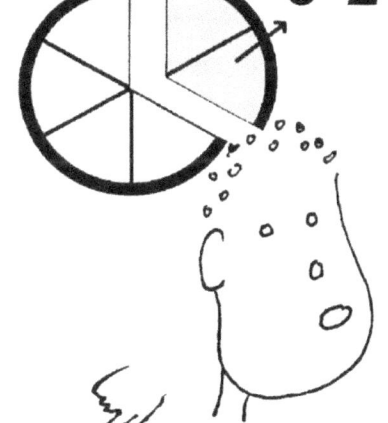

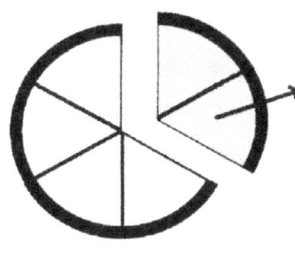

$$\frac{2}{6} + \frac{1}{6}$$

$$= \frac{3}{6}$$

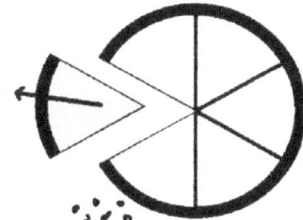

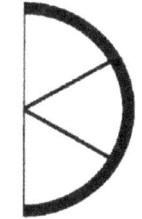

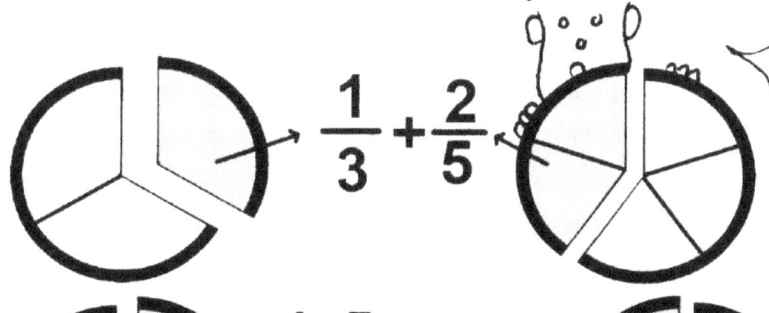

$$\frac{1}{3} + \frac{2}{5}$$

En este caso, tendremos que partir cada tercio en cinco partes y cada quinta parte en tres para que los dos queden partidos iguales y poder sumar.

$$\frac{1 \cdot 5}{3 \cdot 5} + \frac{2 \cdot 3}{5 \cdot 3}$$

$$= \frac{5}{15} + \frac{6}{15} = \frac{11}{15}$$

Jugando con los pasteles olvidé decirte que para sumar o restar quebrados de mismo denominador, se suman o restan los numeradores y se deja el mismo denominador.

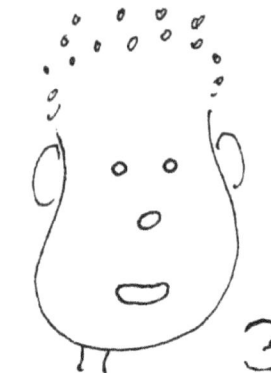

Recuerda, estas operaciones se hacen de izquierda a derecha.

$$\frac{3}{7} - \frac{2}{7} + \frac{4}{7} = \frac{3-2+4}{7} = \frac{5}{7}$$

Cuando los denominadores son diferentes debemos igualarlos sin que cambie el valos del quebrado, es decir, todos los pasteles partidos igual.

Mejor aún, el más pequeño de los múltiplos que sea común a todos ellos y ese será el denominador que buscamos.

Para eso debemos encontrar un número que sea divisible por todos ellos, o sea, un múltiplo de todos ellos.

Estamos hablando del MÍNIMO COMÚN MÚLTIPLO

Tengamos claro qué es un múltiplo.

En pocas palabras, un múltiplo es el resultado de una multiplicación.

Y es el múltiplo de, al menos, los factores de esa multiplicación.

$3 \cdot 6 = 18$

18 es múltiplo de 6 y de 3.

$3 \cdot 3 \cdot 2 = 18$

También es múltiplo de 2

$9 \cdot 2 = 18$

Y de 9

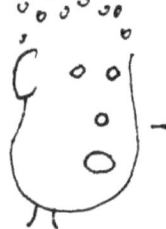

Y ¿qué implica que 18 sea múltiplo de 9, de 6, de 3 y de 2?

38

Que 18 es divisible por 9, por 6, por 3 por 2 por 18 y por 1, así que 18 es el m.c.m de 9, 6, 3, 2, 18 y 1.

Eso es lo que es un Mínimo Común Múltiplo de varios números, es otro número mayor que es divisible por todos ellos.

En algunos casos encontrar el Mínimo Común Múltiplo es sencillo.

3, 6, 12

Mira estos tres números, el 12 es múltiplo de los tres.

Porque 12 es divisible por 3, por 6 y por 12

$$\frac{12}{3}=4 \qquad \frac{12}{12}=1$$

$$\frac{12}{6}=2$$

Quiere decir que 12 es el m.c.m. de 3, 6 y 12

Otra manera de encontrar el múltiplo de varios números sería multiplicarlos todos.

Pero seguramente no resultaría ser el menor. Veamos estos números.

3, 5, 8, 6

$$3 \cdot 5 \cdot 8 \cdot 6 = 720$$

Los multiplicamos.

Claro que 720 es divisible por esos números.

Como el 6 ya está en el producto del 3 por un 2 del 8, puedo no multiplicar por el 6.

También 120 es divisible por 3, 5, 8, y 6 y es mejor porque es más pequeño.

$$3 \cdot 5 \cdot 8 = 120$$

Cuando se dice que un número es divisible por otro, se está diciendo que la división es exacta.

De todos modos, siempre tenemos un método matemático para encontrar el m.c.m. de varios números, vamos a conocerlo.

Tomemos estos tres números.

6, 15, 12

Primero reducimos cada numero a sus factores más pequeños.

$$6 = 3 \cdot 2$$
$$15 = 3 \cdot 5$$

Con 6 y 15 no hay dudas, estos son los factores más pequeños.

$$12 = 6 \cdot 2 = 3 \cdot 2 \cdot 2 = 3 \cdot 2^2$$

Los factores de 12, 6x2 no nos sirven, 6 no es el factor más pequeño pues 6 es 3x2.

Ya con los números FACTORIZADOS, tomamos ¡ojo! LOS COMUNES Y NO COMUNES (o sea, todos) CON SU MAYOR EXPONENTE.

O sea, tomamos el 3, el 2 y el 5, el 3 y el 5 con exponente 1 y el 2 con exponente 2 y los multiplicamos.

$$3 \cdot 5 \cdot 2^2 = 60$$

Este 60 es el mínimo común múltiplo de 6, 15 y 12

Y ese 60 es divisible por 6, 15 y 12.

$$\frac{60}{6} = 10 \qquad \frac{60}{15} = 4 \qquad \frac{60}{12} = 5$$

Antes, al factorizar el número 12 en 6x2 no sirvió porque 6 podía ser factorizado en 3x2.

Los números por los que se debe factorizar son los números primos.

$$12 = \cancel{6} \cdot 2$$
$$12 = 3 \cdot 2 \cdot 2$$

NÚMERO PRIMO

Es aquel que solamente es divisible por 1 y por él mismo.

Los números que no son primos son divisibles por otros números además de por 1 y pos ellos mismos y se llaman

COMPUESTOS.

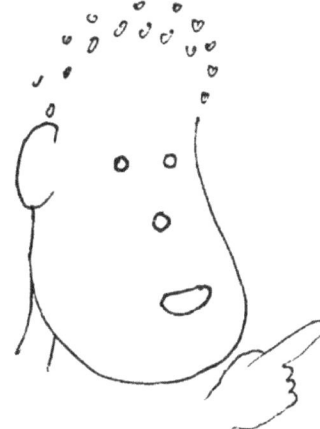

Éstos son los números primos hasta el 100.

Al final, en un anexo te enseño a seleccionar los primos hasta cualquier número y a cómo saber si un número es primo.

2-3-5-7-11-13-17
19-23-29-31-37
41-43-47-53-59
61 - 67-71-73-79
83-89 y 97

Pero volvamos al m.c.m.

Decíamos que descomponemos los números en sus factores primos más pequeños.

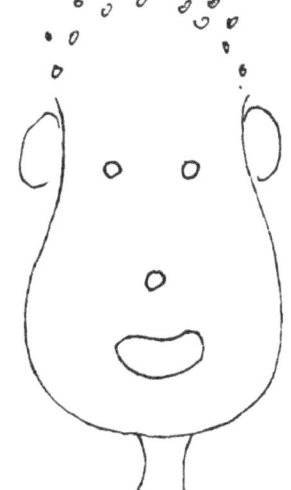

Para ello vamos dividiendo el número por los primos pequeños por los que sea divisible.

Para facilitar la factorización vamos a conocer unos trucos para saber cuando un número es divisible por los primos más pequeños 2, 3, 5, 7 y 11.

A este estudio lo llamamos

DIVISIBILIDAD

DIVISIBLE POR 2

Son divisibles por 2 todos los números terminados en número par, incluído el cero.

12476

558

*****0

No importa el número, si termina en par o en 0 es divisible por 2.

DIVISIBLE POR 3

Son divisibles por 3 todos los números que al sumar sus cifras hasta el final den 3, 6, ó 9.

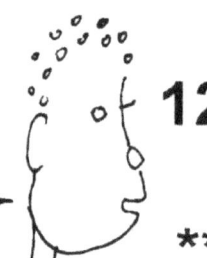

1248

1+2+4+8=15

1+5=6

Sumamos las cifras hasta quedar una sola, en este caso da 6, 1248 es divisible por 3.

DIVISIBLE POR 5

Todo número terminado en 0 o en 5 es divisible por 5.

35450

280

****5

*****0

Si terminan en 0 o en 5, son divisibles por 5.

42

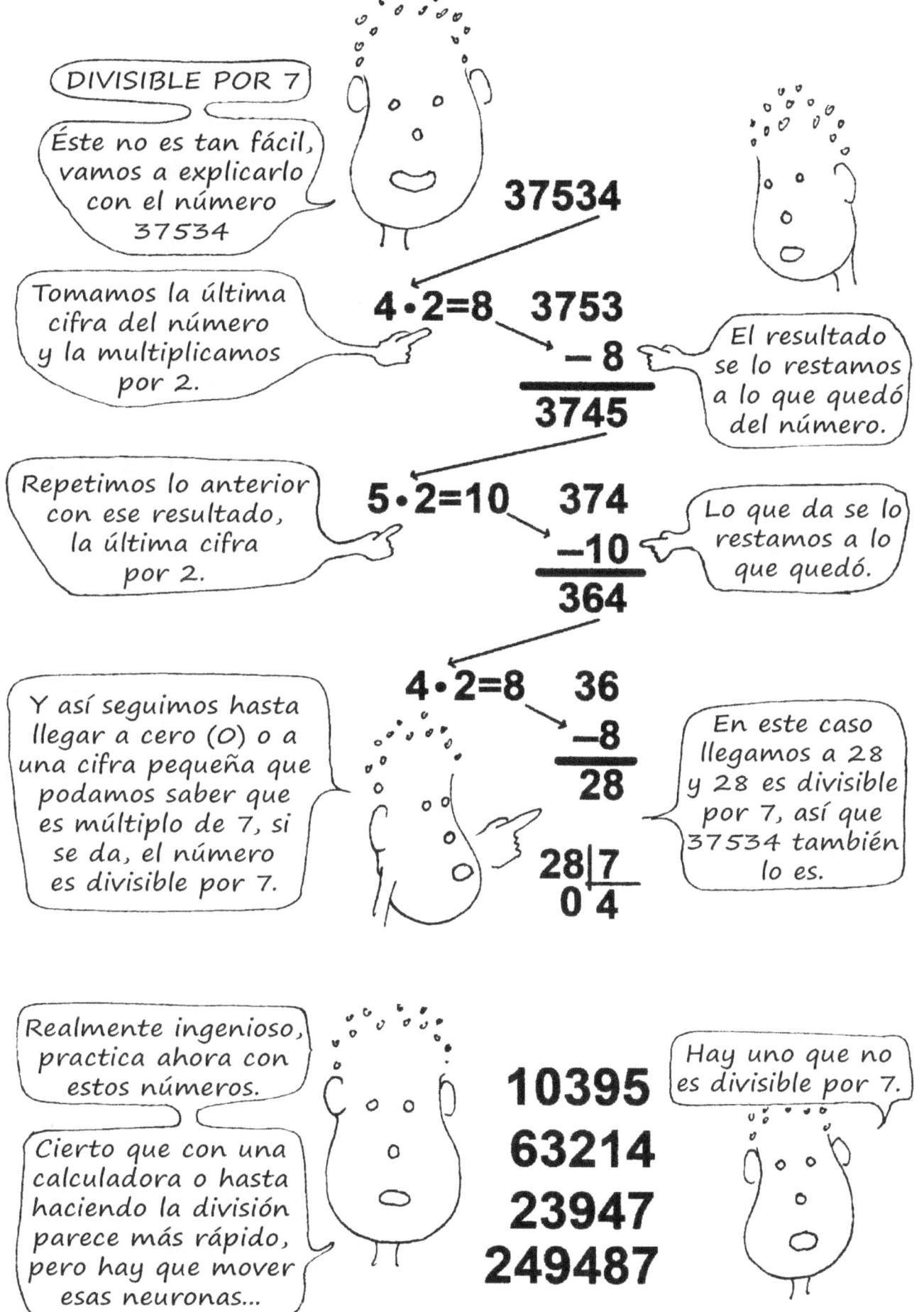

43

Tampoco éste es fácil de ver, se puede hacer de dos formas, pero en el fondo es lo mismo.

Tomando el número de izquierda a derecha, sumamos las cifras impares, es decir, la primera, la tercera, la quinta,...etc. y al resultado le restamos la suma de las pares, la segunda, la cuarta, la sexta,...etc. Si esta resta da 0 ó un número de dos cifras iguales, el número es divisible por 11.

Te dije que no era sencillo. Trabajemos con el número 3267.

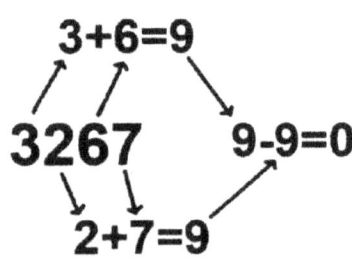

3+6=9
3267
9-9=0
2+7=9

Termina en cero sí es divisible por 11

3267 | 11
106   297
077
0

Otro número.

5+4+8=17
54428
17-6=11
4+2=6

Termina en un número con dos cifras iguales, es divisible por 11.

Éstos para que practiques, todos son divisibles.

86856
626813
9483848
398365

La otra forma de probar si es divisible por 11 es tomar la primera cifra y restarle la segunda, al resultado sumarle la tercera, al resultado restarle la cuarta y así sucesivamente.

Si al final el resultado es cero o un número de dos cifras iguales, el número es divisible.

Si observas es lo mismo de antes, los impares son positivos y los pares negativos.

1° 2° 3° 4° 5°

92543

9-2=7 ; 7+5=12 ; 12-4=8 ; 8+3=11

9-2+5-4+3=11

Volvamos a la FACTORIZACIÓN

A veces, en la factorización puede aparecer un número que no es divisible por ninguno de los números que hemos visto, es muy probable que estemos ante un número primo mayor que 11, así que vamos a copiar los 25 números primos menores que 100.

2-3-5-7-11-13-17
19-23-29-31-37
41-43-47-53-59
61 - 67-71-73-79
83-89 y 97

Si aparece uno de ellos, hasta aquí llega la factorización, se divide por él mismo y listo.

```
62 |2
02 |31
 0
```

```
31|31
 0  1
```

El 62 es divisible por 2, ya tenemos un factor, pero el 31 que quedó al dividir es primo, sólo divisible por él mismo y por 1.

62 = 2 · 31

Bueno, ya casi podemos sumar y restar quebrados, solo nos falta practicar algo la factorización de números grandes.

45

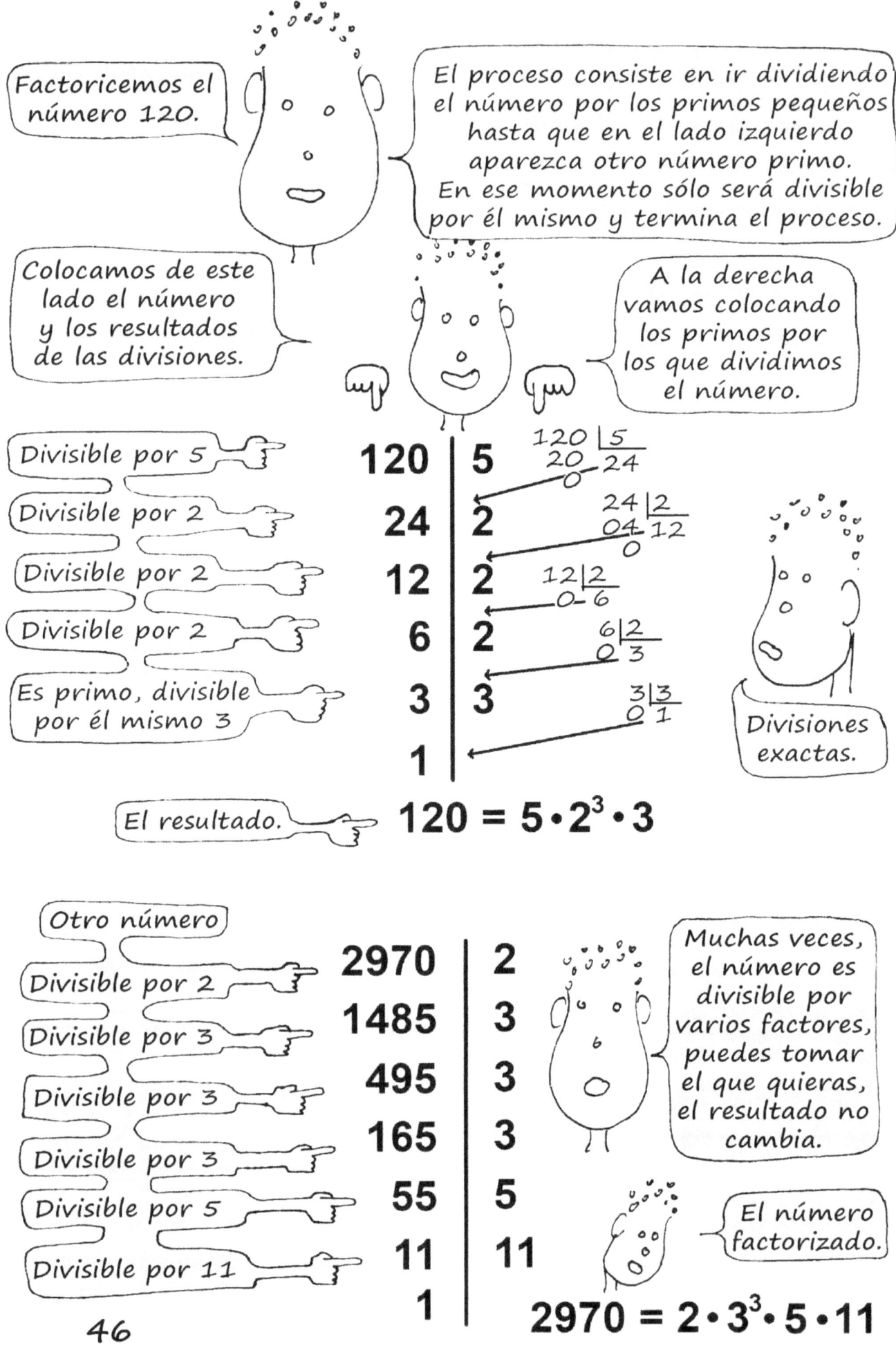

Factoricemos el número 120.

El proceso consiste en ir dividiendo el número por los primos pequeños hasta que en el lado izquierdo aparezca otro número primo. En ese momento sólo será divisible por él mismo y termina el proceso.

Colocamos de este lado el número y los resultados de las divisiones.

A la derecha vamos colocando los primos por los que dividimos el número.

Divisible por 5

Divisible por 2

Divisible por 2

Divisible por 2

Es primo, divisible por él mismo 3

120	5
24	2
12	2
6	2
3	3
1	

$$\frac{120}{20}\underline{|5}$$ $\frac{}{0}$ 24

$$\frac{24}{04}\underline{|2}$$ $\frac{}{0}$ 12

$$\frac{12}{0}\underline{|2}$$ - 6

$$\frac{6}{0}\underline{|2}$$ 3

$$\frac{3}{0}\underline{|3}$$ 1

Divisiones exactas.

El resultado.

$$120 = 5 \cdot 2^3 \cdot 3$$

Otro número

Divisible por 2

Divisible por 3

Divisible por 3

Divisible por 3

Divisible por 5

Divisible por 11

2970	2
1485	3
495	3
165	3
55	5
11	11
1	

Muchas veces, el número es divisible por varios factores, puedes tomar el que quieras, el resultado no cambia.

El número factorizado.

$$2970 = 2 \cdot 3^3 \cdot 5 \cdot 11$$

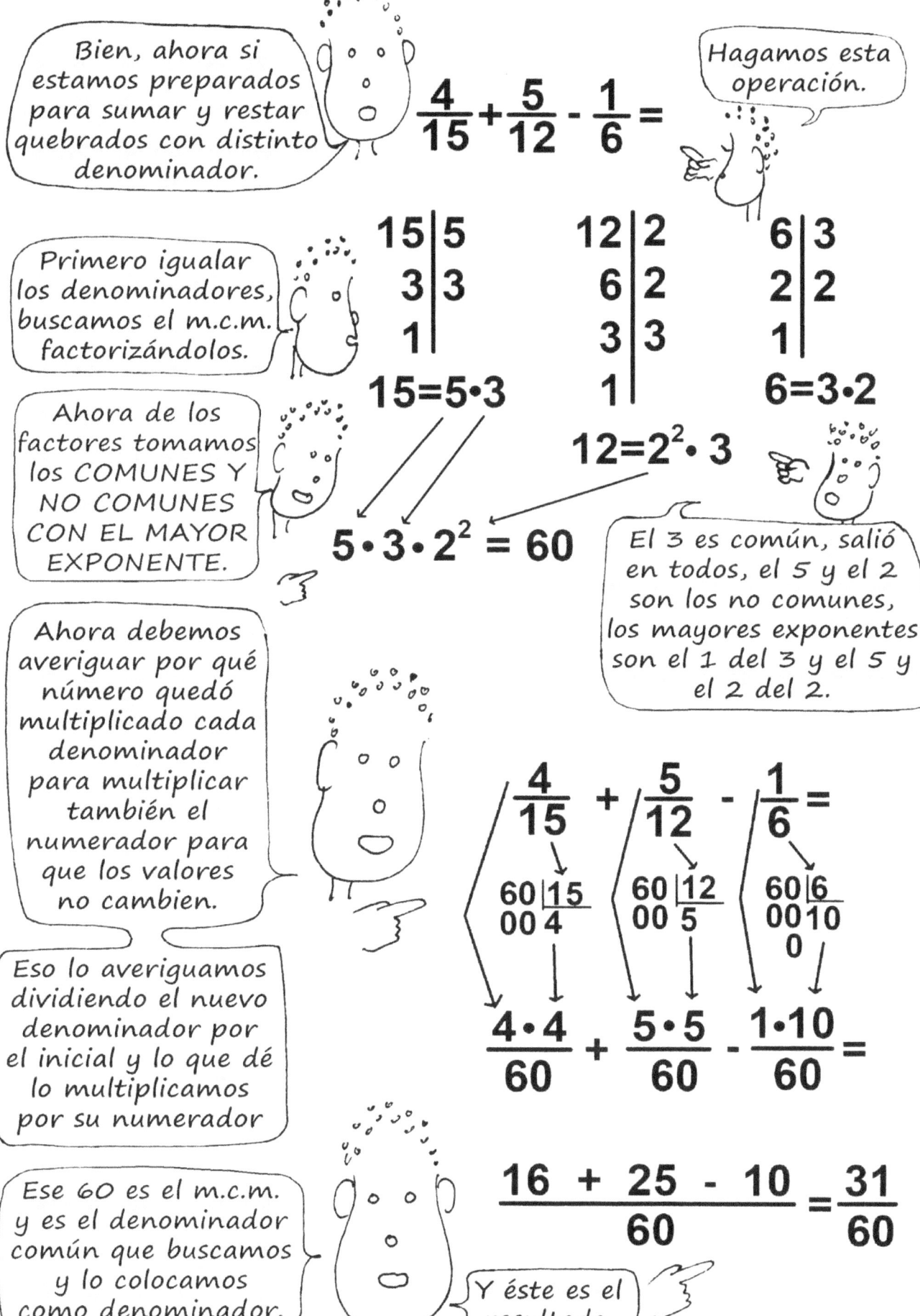

Vamos a hacer algunos ejercicios sin mucha explicación, asegúrate de enterder cada paso, si lo dejas pasar sin entenderlos, no ganamos nada.

Recuerda, el denominador del 2 es 1.

$$\frac{3}{8} + \frac{5}{6} + 2 - \frac{5}{4} =$$

Estas factorizaciones podrían hacerse directamente sin hacer las columnas. Con más práctica.

$$
\begin{array}{c|c}
8 & 2 \\
4 & 2 \\
2 & 2 \\
1 &
\end{array}
\qquad
\begin{array}{c|c}
6 & 2 \\
3 & 3 \\
1 &
\end{array}
\qquad
\begin{array}{c|c}
1 & 1 \\
1=1 &
\end{array}
\qquad
\begin{array}{c|c}
4 & 2 \\
2 & 2 \\
1 &
\end{array}
$$

$$6 = 2 \cdot 3$$

$$8 = 2^3 \qquad 4 = 2^2$$

$$2^3 \cdot 3 = 24$$

El denominador.

Los numeradores
24/8=3   3·3=
24/6=4   4·5=
24/1=24 24·2=
24/4=6   6·5=

$$\frac{3 \cdot 3}{24} + \frac{4 \cdot 5}{24} + \frac{24 \cdot 2}{24} - \frac{6 \cdot 5}{24} =$$

Chequeamos si el resultado se puede simplificar, como no se puede, esa es la respuesta.

$$\frac{9 + 20 + 48 - 30}{24} = \frac{47}{24}$$

Otro ejercicio.

$$7 = 7$$
$$12 = 2^2 \cdot 3$$
$$10 = 5 \cdot 2$$
$$4 = 2^2$$

$$\frac{3}{7} + \frac{5}{12} - \frac{3}{10} + \frac{3}{4} =$$

$$7 \cdot 5 \cdot 3 \cdot 2^2 = 420$$

Simplifico por 3.

$$\frac{60 \cdot 3 + 84 \cdot 5 - 42 \cdot 3 + 105 \cdot 3}{420} = \frac{789}{420} = \frac{263}{140}$$

48

Para encontrar el mejor número por el que simplificar un quebrado, se usa el

MÁXIMO COMÚN DIVISOR.

Es decir, el mayor número que divide exactamente a varios números.

El proceso es igual que el cálculo del Mínimo Común Múltiplo, pero al final en lugar de multiplicar los factores comunes y no comunes con su mayor exponente, se toman sólo los COMUNES CON EL MENOR EXPONENTE.

$$\frac{210}{480}$$

Tomemos este quebrado y simplifiquemos poco a poco.

Divisibles por 5.

$$\frac{210/5}{480/5} = \frac{42}{96}$$

Divisibles por 2.

$$\frac{42/2}{96/2} = \frac{21}{48}$$

Divisibles por 3.

$$\frac{21/3}{48/3} = \frac{7}{16}$$

Y llegamos a la mínima expresión de aquel quebrado.

Hagamos lo mismo ahora utilizando el Máximo Común Divisor. (m.c.d.)

$$\frac{210}{480}$$

210	5
42	2
21	7
3	3
1	

480	5
96	2
48	3
16	2
8	2
4	2
2	2
1	

$$210 = 5 \cdot 2 \cdot 7 \cdot 3$$

$$480 = 5 \cdot 2^5 \cdot 3$$

Sus factores.

$$5 \cdot 2 \cdot 3 = 30$$

Para el m.c.d. tomamos el 5, el 2 y el 3.

Este m.c.d. divide al numerador y al denominador.

$$\frac{210/30}{480/30} = \frac{7}{16}$$

49

Seguramente piensas que si sumar y restas es tan complicado, ¡cómo será el multiplicar y dividir...!

Pues no, resulta que multiplicar fracciones es muy sencillo.

Basta con multiplicar los numeradores y los denominadores entre sí.

$$\frac{5}{9} \cdot \frac{2}{3} = \frac{5 \cdot 2}{9 \cdot 3} = \frac{10}{27}$$

Otro ejemplo sencillo.

$$\frac{1}{3} \cdot \frac{1}{4} \cdot \frac{1}{2} = \frac{1 \cdot 1 \cdot 1}{3 \cdot 4 \cdot 2} = \frac{1}{24}$$

Si tenemos un entero por un quebrado. Recuerda que el entero tiene la unidad por denominador.

$$5 \cdot \frac{3}{4} = \frac{5 \cdot 3}{1 \cdot 4} = \frac{15}{4}$$

Simplificamos por 6.

Otro ejemplo.

$$\frac{3}{2} \cdot \frac{2}{5} \cdot \frac{1}{3} = \frac{3 \cdot 2}{2 \cdot 5 \cdot 3} = \frac{6}{30}$$

$$\frac{6/6}{30/6} = \frac{1}{5}$$

La simplificación la podíamos hacer antes, eliminando factores iguales arriba y abajo.

$$= \frac{3 \cdot 2}{2 \cdot 5 \cdot 3} = \frac{1}{5}$$

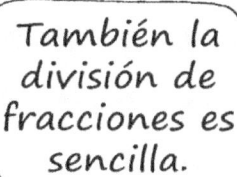

También la división de fracciones es sencilla.

Solamente hay que multiplicar el primer quebrado por el inverso del segundo.

Otra forma de hacerlo es multiplicar en equis (x).

$$\frac{1}{6} \div \frac{2}{5} = \frac{1}{6} \cdot \frac{5}{2} = \frac{1 \cdot 5}{6 \cdot 2} = \frac{5}{12}$$

$$\frac{1}{6} \div \frac{2}{5} = \frac{1}{6} \times \frac{2}{5} = \frac{1 \cdot 5}{6 \cdot 2} = \frac{5}{12}$$

Es importante notar que el producto del numerador del primero por el denominador del segundo será el numerador del resultado.

Si se presentan varias divisiones seguidas, se van haciendo una por una de izquierda a derecha.

$$\frac{3}{4} \div \frac{1}{2} \div \frac{3}{5} \div 2 =$$

$$\frac{6}{4} \div \frac{3}{5} \div 2 =$$

Aquella fracción puede simplificarse por 6,

pues 30=6x5 y 24 es 6x4, el 6 es factor de los dos.

$$\frac{30}{12} \div \frac{2}{1} = \frac{30 \cdot 1}{12 \cdot 2} = \frac{30}{24}$$

$$\frac{30}{24} = \frac{6 \cdot 5}{6 \cdot 4} = \frac{5}{4}$$

La división entre un entero y un quebrado.

Igual que antes, debajo del entero hay un uno.

Y hacemos como sabemos, el numerador del primero por el denominador del segundo y

el denominador del primero por el numerador del segundo.

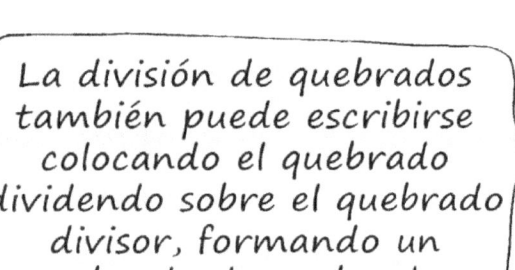

$$5 \div \frac{2}{3} = \frac{5}{1} \div \frac{2}{3} = \frac{5 \cdot 3}{1 \cdot 2} = \frac{15}{2}$$

La división de quebrados también puede escribirse colocando el quebrado dividiendo sobre el quebrado divisor, formando un quebrado de quebrados.

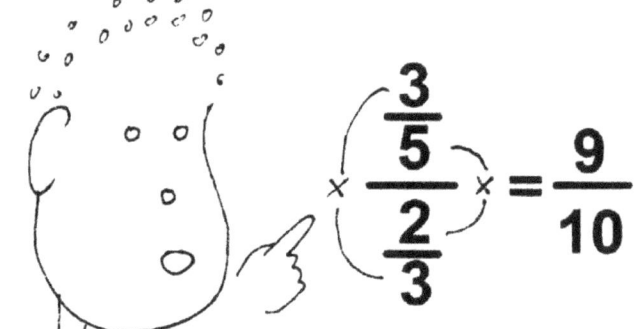

$$\times \frac{\dfrac{3}{5}}{\dfrac{2}{3}} \times = \frac{9}{10}$$

Cuando una fracción se eleva a un exponente, sus dos términos quedan elevados al mismo exponente.

$$\left(\frac{2}{3}\right)^2 = \frac{2^2}{3^2} = \frac{4}{9}$$

Del mismo modo, la raíz de un quebrado es igual al quebrado de las raíces de los términos.

$$\sqrt{\frac{4}{9}} = \frac{\sqrt{4}}{\sqrt{9}} = \frac{2}{3}$$

Ahora que sabemos trabajar con quebrados comprobemos si trabajar con ellos es más exacto que trabajar con decimales.

Vamos a trabajar una serie de operaciones comenzando por un lado con una división no exacta y por otro lado con un quebrado equivalente a esa división y comparemos el resultado final.

Aquí con la división. Trabajamos con dos decimales.

Aquí con el quebrado hasta el final.

=

$(5 \div 7) \times 100 = 0,71 \times 100 = 71$

$(71 \div 3) \times 25 = 23,66 \times 25 = 591,50$

$591,50 \times 2 = 1183$

$1183 \div 22 = \underline{\underline{53,77}}$

$\dfrac{5}{7} \times 100 = \dfrac{500}{7}$

$\dfrac{\frac{500}{7}}{3} \times 25 = \dfrac{500}{21} \times 25 = \dfrac{12500}{21}$

$\dfrac{12500}{21} \times 2 = \dfrac{25000}{21}$

$\dfrac{\frac{25000}{21}}{22} = \dfrac{25000}{462} = \underline{\underline{54,11}}$

Los resultados son diferentes lo que ocurre es que al tener una división no exacta de varios decimales de los que tomamos sólo dos, hemos eliminado decimales que hacen que exista un error que va acumulándose y aumentando con el resto de operaciones.

En este otro lado, al seguir con el quebrado, es como si hiciéramos las operaciones con todos los decimales hasta el final y al hacer la última operación no hemos acumulado ningún error.

A decir verdad, la diferencia no es grande, pero imagina que estás calculando el grosor de los cables de un puente colgante, el error se multiplicaría por el número de cables. Es mejor ser exacto.

EJERCICIOS

1.- $2+(3\cdot2)=$

2.- $2(3-2)=$

3.- $12+3\cdot2(5-2)=$

4.- $2(3-\sqrt{4}+3^2)-20=$

5.- $5+\sqrt{9}-3^2+2(3\cdot2)=$

6.- $\sqrt{9}-2+(5+3\cdot2+4)=$

7.- $\sqrt{4}-2(3-4+2)+3\cdot4=$

8.- $4+\sqrt[3]{8}-\sqrt[3]{27}+8\cdot3=$

9.- $-3+2(5\sqrt{9})-8+3^2-2^3=$

10.- $2[3+4/2-(4+3+1)+6(2+4)]=$

11.- $3^2[5+(3+3^2)-33]=$

12.- $\dfrac{3}{5}+\dfrac{2}{3}=$

13.- $\dfrac{4}{8}+\dfrac{2}{8}-\dfrac{1}{8}=$

14.- $\dfrac{3}{6}-\dfrac{2}{8}+\dfrac{3}{4}-1=$

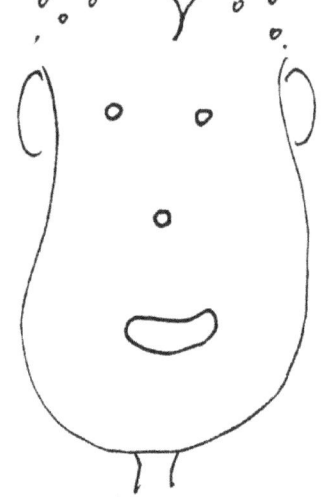

Recuerda que cuando entre un número y un paréntesis o una raíz o una fracción no hay signo, se está multiplicando.

Los resultados deben darse en su mínima expresión, simplificadas al máximo, recuerda que es bueno simplificar los quebradoa que se puedan antes de hacer las operaciones.

15.- $2 \cdot \dfrac{3}{5} + \dfrac{\sqrt{9}}{5} - \dfrac{4}{5} =$

16.- $\dfrac{2}{9} + \dfrac{3}{6} + \dfrac{2}{5} - \dfrac{6}{10} =$

17.- $\sqrt{\dfrac{4}{9}} + \dfrac{1}{2} \cdot \dfrac{2}{3} - \left(\dfrac{2}{3} - \dfrac{1}{4}\right) \div \dfrac{1}{2} =$

18.- $\dfrac{1}{2} \cdot \dfrac{5}{3} \cdot \dfrac{2}{5} \cdot \dfrac{7}{3} \cdot \dfrac{3}{7} =$

19.- $\dfrac{2}{5} \div \dfrac{5}{3} \div \dfrac{2}{7} \div \dfrac{7}{2} \div \dfrac{3}{7} =$

20.- $\dfrac{\sqrt{4}}{2^2} - \left(\dfrac{3}{5} + \dfrac{2}{10}\right) + \dfrac{3}{4} \cdot 2 \div \dfrac{1}{2} =$

Aquí están las respuestas. Están en desorden, si en tus cálculos encuentras una de ellas, está bien, si no, uno de los dos se equivocó.

Suerte.

0	$\dfrac{5}{8}$	$\dfrac{27}{10}$	16	$\dfrac{1}{6}$
1	$\dfrac{14}{25}$	0	20	-144	$\dfrac{1}{3}$
12	2	11	66	8
27	$\dfrac{19}{15}$		$\dfrac{47}{90}$	30

ANEXO

Vamos a conocer en este anexo cómo saber si un número es primo o no lo es.

Por definición, un número primo sólo es divisible por 1 y por él mismo.

El método consiste en ir dividiendo el número en cuestión por los números primos del dos en adelante y pueden pasar dos cosas,

En realidad, todos los números son divisibles por 1 y por ellos mismos, pero los que no son primos, además de eso, son divisibles por otros números.

una, que una división sea exacta, en cuyo caso, el número analizado no es primo y

dos, que sigamos teniendo divisiones con resto hasta que el cociente de la división sea menor que el divisor, en ese caso, el número es primo.

Por cierto, los que no son primos se llaman COMPUESTOS.

Otra cosa, el 1 no es ni primo ni compuesto.

327 Sus cifras suman 3, divisible por 3, es compuesto.

5340 Termina en 0, divisible por 2 y 5, es compuesto.

911

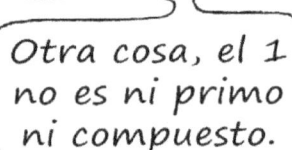

583 5−8+3=0 divisible por 11 es compuesto.

Éste no es divisible por 2, ni 3, ni 5, comencemos a dividir por 7.

```
911 | 7
21    130
 01
```

```
911 | 11
031   82
 09
```

```
911 | 13
001   70
```

```
911 | 17
061   53
 10
```

```
911 | 19
151   47
 18
```

```
911 | 23
221   39
 14
```

```
911 | 29
041   31
 12
```

```
911 | 31
291   29
 12
```

Ya en esta división el cociente es menor que el divisor, y no hemos tenido ninguna división exacta, el número 911 es primo.

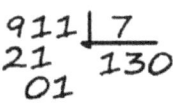

56

Otro asunto interesante de los números primos es la CRIBA DE ERATÓSTENES.

Eratóstenes, 276 A.C. 194 A.C., sabio griego de origen Cirenáico Matemático, Astrónomo, Geógrafo.

Una criba es como un colador, sirve para separar cosas, por ejemplo piedras grandes de pequeñas.

Con esta criba se eliminan los números compuestos borrando los múltiplos de los números primos.

Hagamos una criba hasta el 101. Se comienza por el 2, el primer primo.

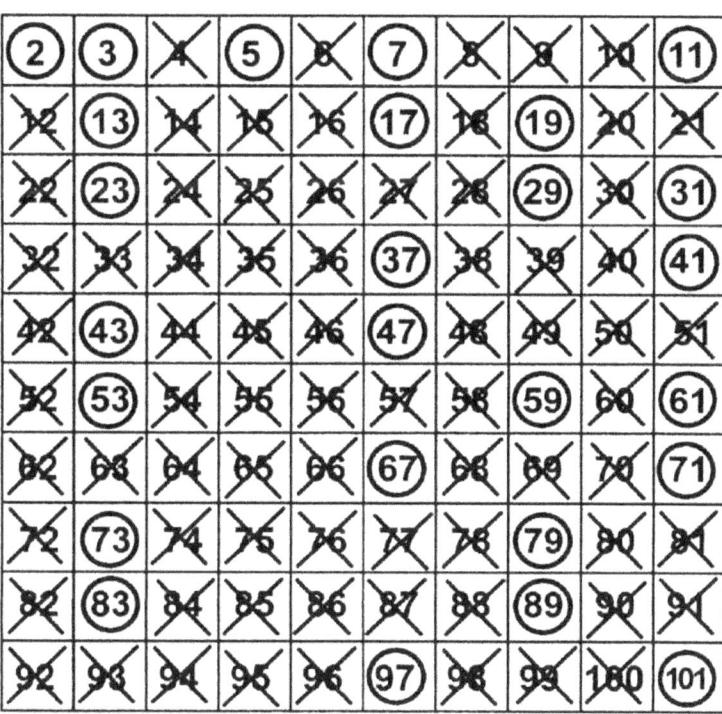

El primer primo es el 2, eliminamos todos sus múltiplos, los terminados en número par ó 0.

También podemos ir tachando cada dos desde el 2, el 4, el 6, el 8....

Una vez tachados todos los múltiplos de 2, el siguiente número sin tachar es primo, el 3,

Lo seleccionamos y tachamos los múltiplos de 3 o tachamos cada tres desde 3, el 6, 9, 12, 15,...

Llegamos al 5, eliminamos sus múltiplos, los terminados el 0 y en 5.

Ya los terminados en 0 están borrados nos quedan los terminados en 5 o vamos de cinco en cinco, 10, 15,..

El siguiente número primo es el 7, borramos sus múltiplos de siete en siete, 14, 21, 28,...

Tachados los del 7, el siguiente número sin tachar es el 11, es primo y tachamos sus múltiplos que son los de dos cifras iguales 22, 33, 44,...

¿Hasta donde seguimos? Hasta que el cuadrado del primo que analizamos sea mayor que el mayor número de la criba.

2	3	5	7
11	13	17	19
23	29	31	37
41	43	47	53
59	61	67	71
73	79	83	89
97	101		

En este caso, el cuadrado de 11 es 121 que es mayor que 101, así que hasta aquí. Los números que quedaron sin tachar son los primos hasta el 101.